TABLEAUX

DE CONCORDANCE DES GENRES

D'UN PINAX

DES PLANTES EUROPÉENNES.

TABLEAUX

DE CONCORDANCE DES GENRES

D'UN PINAX

DES PLANTES EUROPÉENNES.

PAR M. J. P. MOUTON-FONTENILLE

DE LACLOTTE,

Professeur d'Histoire naturelle à la Faculté des Sciences de l'Académie de Lyon, Membre des Sociétés Royales des Sciences, Belles-Lettres et d'Agriculture de la même Ville, &c. Dédié à son Altesse Royale Monsieur.

A PARIS,

Chez DETERVILLE, Libraire, *Rue Hautefeuille, N.° 8.*

ET A LYON,

Chez Et.ne CABIN et C.ie Libraires, *Rue S.t Dominique, N.° 6.*

A SON ALTESSE ROYALE

CHARLES-PHILIPPE DE FRANCE,

MONSIEUR,

FRÈRE DU ROI.

MONSEIGNEUR,

VOTRE ALTESSE ROYALE, en daignant agréer l'hommage que j'ai l'honneur de lui offrir, me permet de placer un grand nom à la tête d'un Ouvrage important.

Sous le règne de LOUIS XIV, à la munificence duquel nous devons les Élémens de Botanique et le Voyage au Levant de Tournefort, et que Linné, par cette raison, appelle LUDOVICUS MAXIMUS, le Père Plumier établit le Genre BORBONIA, en l'honneur de GASTON, fils d'HENRI LE GRAND. Ce savant Minime voulut faire vivre dans les fastes de la Botanique la mémoire d'un de vos aïeux, qui cultiva avec succès cette science, et auquel nous sommes redevables des magnifiques dessins de Nicolas Robert.

Quel moment plus favorable pour rattacher le nom chéri des BOURBONS à une science que vos nobles ancêtres ont protégée, que celui où votre auguste Frère, rendu à nos vœux et à notre amour, vient au milieu de nous favoriser les Savans et les Gens de lettres, encourager les Artistes, et rallier tous les cœurs autour de son trône ?

Graces à votre puissante protection, MONSEIGNEUR, les hommes paisibles qui, voués par goût à l'étude de la nature, ont conservé leur cœur tel qu'elle le leur a donné, pourront désormais se livrer sans crainte à la recherche des productions naturelles.

Dans l'enthousiasme que votre heureux retour leur inspire, ils s'empresseront de vous bénir comme l'auteur de leurs plaisirs innocens, de vous faire hommage de leurs travaux, et de vous consacrer leurs découvertes.

Je suis avec le respect le plus profond,

MONSEIGNEUR,

DE VOTRE ALTESSE ROYALE,

Le très-humble
et très-obéissant serviteur,

MOUTON-FONTENILLE DE LACLOTTE.

AVERTISSEMENT.

C'EST un jour de triomphe pour la Botanique, et pour les personnes qui cultivent cette science, que celui où il m'est enfin permis de publier le *Pinax* que j'avais annoncé depuis plusieurs années. Cet Ouvrage, fruit de longues études, d'observations profondes, de recherches considérables, sort enfin du néant où il semblait condamné, graces au nouvel ordre de choses qui, en ramenant sur le trône de ses illustres ancêtres LOUIS-LE-DÉSIRÉ, nous promet, avec un avenir heureux, la paix si nécessaire à l'étude des Sciences et des Arts, à la prospérité de l'Agriculture et du Commerce.

L'Ouvrage que je publie aujourd'hui, sera divisé en quatre parties. Je vais faire connaître successivement le plan de chacune d'elles.

La première partie, qui servira de préface à ce *Pinax*, présentera une *Histoire critique et raisonnée des Auteurs de Botanique qui ont donné des Figures de Plantes.*

Cet Ouvrage qui manque à la science, et qui diffère absolument, ainsi que l'on en pourra juger par son plan, des *Bibliotheca Botanica* de *Linné, Seguier, Haller,* de l'*Isagoge in rem herbariam* de *Tournefort,* de l'*Historia rei herbariæ* de *Sprengel,* et de toutes les Bibliographies relatives à la Botanique, sera divisé en deux parties. La première comprendra les Botanistes qui ont donné des *Figures sur bois;* la seconde renfermera ceux qui ont donné des *Figures sur cuivre.*

Cette dernière partie offrira deux époques bien distinctes, dont l'une renfermera les Ouvrages de Botanique avec Figures, publiés depuis l'invention de la gravure sur cuivre jusqu'à *Linné;* l'autre comprendra les Ouvrages publiés par *Linné*, par ses contemporains et successeurs, jusqu'à nos jours.

Chaque partie de cette Histoire sera présentée par ordre chronologique, méthode qui fait mieux connaître la marche et les progrès de la Botanique.

Jaloux de donner à mon travail toute la perfection dont il est susceptible, et désirant qu'il puisse servir de *Bibliothèque Botanique*, j'aurai soin d'indiquer à la suite de chaque Auteur,

1.º Le *titre de son Ouvrage*, et l'énumération de ceux qu'il a publiés.

2.º La *langue* dans laquelle il est écrit.

3.º *L'année de l'Edition* et les meilleures éditions.

4.º Le *nom de la Ville* où il a été imprimé et celui *de l'Imprimeur.*

5.º Le nombre et le format des *Volumes* qu'il renferme.

6.º Le nombre des *Planches* et des *Figures* qu'il contient.

7.º La matière des *Planches sur bois, sur cuivre* ou *sur étain.*

8.º Les dessins caractéristiques des diverses Figures au *trait* ou *ombrées*, en *noir* ou *enluminées*, au *burin* ou à *l'eau forte.*

9.º Le nombre des *Pages* contenues dans chaque volume.

10.º Le nombre des *Lignes* contenues dans chaque page.

11.º Les *Fautes* dans la série des pages, etc.

12.º Le *Caractère du texte* de chaque ouvrage, et son prix ancien et moderne.

13.º Le *Catalogue des Plantes* dont l'Auteur aura donné le premier la description ou la figure.

14.º Un *Précis historique* de la vie de chaque Auteur.

Par le mot *Histoire critique et raisonnée*, je me suis réservé la faculté de présenter l'analyse de chaque ouvrage avec une noble franchise, également ennemie de tout sentiment de jalousie et de haine, ou d'une vile et basse adulation.

La seconde partie de cet Ouvrage, que je publie aujourd'hui, a pour titre : *Tableaux de concordance des Genres d'un Pinax des Plantes Européennes.*

Ces *Tableaux* présentent les noms des Auteurs qui ont donné pour les méthodes, soit artificielles, soit naturelles, des *descriptions de Genres* avec ou sans figures, et dont les Ouvrages sont mentionnés dans un Catalogue placé à la fin de ce volume. Mais il y a cette différence entre les Systèmes artificiels et naturels, que dans les premiers, chaque Genre se rapporte à une gravure qui le représente, au lieu que dans les seconds, la figure ne représente pas le genre isolé, mais seulement les caractères de la famille dans laquelle ce genre est placé.

Voici la disposition de ce *Pinax des Genres.*

1.º J'indique le nom générique de *Linné*, d'après l'édition du *Genera* de *Schreber*, comme étant la plus complète. Ce *Genera* étant écrit en latin, j'ai cru devoir citer, en faveur des personnes qui n'entendent pas la langue latine, mon *Système des Plantes*, imprimé à Lyon en 1804, dans lequel j'ai donné la traduction du *Genera* et du *Species* de *Linné*, d'après l'édition de *Reichard* de 1778 et 1779.

2.º Je cite les *Élémens de Botanique* de *Tournefort*, et ses *Institutiones Rei herbariæ*, édition de 1719; cette dernière est la plus complète, mais dans toutes les deux les numéros des planches sont les mêmes.

3.º J'indique ensuite successivement les Auteurs qui ont donné des descriptions de Genres avec ou sans figures, et je termine mes citations par celles du *Genera* de *Jussieu*, dont on trouve la traduction dans le *Tableau du Règne végétal* de *Ventenat*, que j'ai soin de citer ordinairement après le nom générique de *Jussieu*. Par ce moyen, je donne la traduction française des *Genera* de *Linné*, de *Tournefort* et de *Jussieu*.

Ce *Pinax* présente, sous un jour nouveau et en un seul corps d'ouvrage, tous les Genres de Plantes européennes, décrits et gravés dans un grand nombre de livres. Leur synonymie, composée avec le plus grand soin, mérite une entière et pleine confiance. Elle a été vérifiée à trois reprises différentes avec la plus scrupuleuse exactitude, savoir: 1.º sur le manuscrit; 2.º sur les épreuves sorties de l'impression; 3.º sur les Ouvrages, volumes par volumes, pages par pages, citations par citations, planches par planches, figures par figures. Le soin que j'ai mis dans mon travail, me fait espérer qu'on ne trouvera pas dans tout le volume que je publie aujourd'hui, une seule faute de citation. On sait que dans un ouvrage de la nature de celui-ci, l'exactitude est la première condition qu'on exige, et sans laquelle mon travail ne mériterait aucun confiance.

On doit sentir à combien de recherches j'ai dû me livrer pour coordonner la synonymie de 683 genres Européens, vérifier par trois fois les citations de plus de vingt-cinq mille noms de genres, de volumes, de pages, de planches, de figures, et conduire à sa fin un travail ingrat, rebutant, pénible, que peu de personnes auraient eu le courage d'entreprendre, et dans lequel je n'ai été soutenu que par le désir d'être utile.

J'ai pensé que dans un ouvrage de la nature de ce *Pinax*, l'ordre alphabétique était celui qui convenait le mieux, 1.º parce qu'il abrége et facilite les recherches, économise la peine et le temps, et présente une marche simple, connue de tout le monde; 2.º parce qu'il eût été difficile d'adapter mon travail à un système qui eût convenu à tous les Botanistes. On ne peut se dissimuler cependant que l'ordre alphabétique rompt la série des Familles et des Genres, et qu'il ne présente aucune méthode de classification. Mais il existe aujourd'hui tant de systèmes en Botanique, qui tous ont leurs partisans et leurs détracteurs, qu'il serait superflu d'en présenter un nouveau, et peut-être inconvenant d'en choisir un de préférence. D'ailleurs ce *Pinax* doit être regardé comme un Dictionnaire, et dans ces sortes d'ouvrages on suit toujours l'ordre alphabétique.

L'impossibilité à un seul homme de coordonner un *Pinax* général de toutes les plantes connues, dont le nombre est porté aujourd'hui à plus de vingt-cinq mille, m'a engagé à ne m'occuper que des plantes Européennes. Ce n'est qu'en traitant successivement les végétaux des quatre parties du monde, qu'on pourra posséder un *Pinax général* des productions végétales disséminées sur les divers points du globe.

J'ai sévèrement banni de mon *Pinax* toutes les plantes exotiques, et je n'ai regardé comme indigènes que celles qui sont originaires d'Europe, ou qui y ayant été transportées depuis plusieurs siècles, y croissent naturellement en pleine terre. D'ailleurs si, à mon exemple, quelque Botaniste entreprend de faire un *Pinax des Plantes exotiques*, les végétaux qui ne sont pas mentionnés dans mon Ouvrage, le seront dans le sien. Dans une entreprise aussi considérable, il est nécessaire de diviser sa matière, afin de la présenter avec plus d'ordre et de clarté.

J'ai placé à la fin de mon *Pinax* une *Table alphabétique Française des Genres* contenus dans cet ouvrage. Je l'ai cru nécessaire pour les personnes qui, ne connaissant pas la langue latine, voudraient trouver dans mon *Pinax* les noms français des plantes, dont la terminaison, en grande partie, diffère dans les deux langues.

Cette table est disposée sur deux colonnes. La première indique le numéro de chaque genre ; la seconde, celui de la page où il est mentionné. A l'aide de cette double indication, les citations sont plus faciles et plus sures, et les fautes de citation plus aisées à être signalées et reconnues.

J'ai terminé mon *Pinax* par un *Catalogue raisonné des Ouvrages de Botanique* qui y sont cités. Ce Catalogue qui diffère de ceux qu'on trouve dans tous les livres d'Histoire naturelle, et qui n'apprennent rien, présente, 1.º le titre de chaque ouvrage ; 2.º l'année de son édition ; 3.º le nombre des volumes, des planches, des figures qu'il renferme. Chaque indication est suivie de quelque observation relative à l'ouvrage, et qui en fait connaître le mérite. Ces petits détails, souvent instructifs et toujours intéressans, bannissent la monotonie que fait éprouver la lecture d'un simple catalogue de livres, qui devient inutile à la science, et qui ne fait nullement connaître le savoir de l'auteur qui le publie.

La troisième partie de ce *Pinax*, et qui fait suite à la seconde, offrira les *Tableaux de concordance des Espèces d'un Pinax des Plantes Européennes*, dont je présente ici un modèle, en choisissant pour exemple la première espèce du genre Plantain, qui est le *Plantago major*, L.

Plantago latifolia, sinuata. *G. Bauhin, Pin.* 189, n.º 2.

Plantago latifolia, maxima, sinuata. *Bauh. Phytop.* page 348, n.º 1.

Plantago rubea. *Brunsf.* tom. 1, pag. 25.

Plantago major. *Fusch. hist.* édition in-folio de 1542, pag. 38. — Edit. in-12, de 1551, à petites figures, p. 38, fig. 1.

Plantago rubra. *Trag.* pag. 225, fig. 1.

Plantago media. *Matth.* édit. in-fol. à gr. fig. de 1565, pag. 479. — Edit. de 1583, à gr. figur. tom. 1, pag. 435.

Plantago major. *Matth.* édition in-fol. de *G. Bauhin* de 1598, pag. 375, fig. 1.

Piantagine mezana. *Matth.* édit. ital. à gr. figures, édit. de 1668, pag. 507.

Plantago major. *Dod. Pempt.* pag. 107, fig. 1.

Plantago vulgaris, latifolia. *Lob. Observat.* p. 162, fig. 2.

Arnoglossa. Plantago latifolia, lævis. *Lob. Ic.* tom. 1, pag. 303, fig. 2.

Plantago vulgaris latifolia, Matthioli. *Dalech.* édition latine, part. 2, pag. 1254, fig. 1.

Plantain commun aux feuilles larges, de Matthiole. *Dalech.* édit. franç. tom. 2, pag. 147, fig. 1.

Plantago major. *Camer. Epit.* 261.

Plantago major. *Tabern. Hist.* édit. de 1687, pag. 1107, fig. 1. — *Icon.* tom. 2, pag. 731, fig. 1.

Plantago major, folio glabro, non laciniato, ut plurimum. *Bauh. hist.* tom. 3, part. 2, pag. 502, fig. 1.

Plantago major vulgaris, folio glabro, non laciniato. *Chabr. Stirp. Icon.* 497.

Plantago latifolia, sinuata. *Sim. Paul.* pag. 321.

Plantago latifolia, vulgaris. *Park. Theat.* p. 493, fig. 1.

Plantago latifolia. *Gerard. the herb.* pag. 419, fig. 1.

Plantago latifolia, glabra, vulgaris. *Moris. Hist.* t. 3, pag. 258, sect. 8, tab. 15, fig. 2.

Plantago septinervia. *Blackw.* cent. 1, tab. 35.

Plantago latifolia, sinuata, major, *phytanttozza.* T. 4, tab. 820.

Plantago major. *Morand.* tab. 61, fig. 2. *Hill.* veget. syst. Tom. 14, pag. 52, tab. 52, fig. 1. *Oed. Flor. Dan.* tab. 461. *Knorr.* tab. 230. *Plenck.* tab. 58.

Grand Plantain. *Gars.* tom. 6, pag. 107, pl. 566, esp. 1.

Plantain rond. *Bul. Flor. de Par.* tab. 67, etc.

Ce travail de synonymie des *Espèces*, bien plus considérable que celui des *Genres*, présente par ordre chronologique les Auteurs qui ont donné des Figures des Plantes européennes, depuis *Brunsfeld* jusqu'à nos jours.

Jaloux de rendre ce *Pinax* utile à tous ceux qui possèdent des livres de Botanique, j'aurai soin de citer les diverses éditions d'un même ouvrage. C'est dans cette vue

que

que je présenterai la synonymie du *Pinax* et du *Phyto-
pinax* de *G. Bauhin ;* de trois éditions de *Matthiole ,* à
grandes, moyennes et petites figures ; des divers traités
de *Dodoens ,* l'*Écluse ;* de deux éditions latine et française de *Dalechamp ;* de l'*Historia* et des *Icones* de *Lobel*
et de *Tabernamontanus ,* etc. A l'aide de ce travail, ce
Pinax deviendra d'une utilité générale, et ceux qui possèdent quelques-uns des livres de Botanique qui y seront
cités, trouveront dans cet ouvrage la synonymie des diverses éditions qui en ont été faites ; avantage dont ils
auraient été privés, si je n'avais cité qu'une seule édition
des ouvrages qui en ont eu plusieurs.

Le *Pinax* de *G. Bauhin* étant depuis deux siècles en
possession d'un rang distingué parmi les Ouvrages de Botanique les plus utiles, j'ai pensé qu'un nouveaux *Pinax ,*
qui en évitant les défauts de celui de *G. Bauhin* offrirait
une synonymie ancienne et moderne complète, devien-
drait d'une utilité réelle, obtiendrait de mes contemporains et de la postérité le même accueil et la même approbation.

La quatrième partie de ce *Pinax ,* entièrement neuve,
résultat de recherches immenses et d'un travail aussi long
qu'assidu, présentera deux *Tables* pour l'intelligence de
chaque Ouvrage ancien cité dans ce *Pinax.* Voici un
exemple de la disposition de ces Tables, pris dans les ouvrages d'un Botaniste bien connu.

N.º 1.

TABLE LATINE NUMÉRIQUE

*Des noms de l'Ouvrage de l'*Écluse, *intitulé* Historia Plantarum, *ramenés à la Nomenclature de* Linné.

Les noms de l'*Écluse* sont désignés en caractères romains; ceux de *Linné* en caractères italiqués.

Les chiffres placés avant les noms de l'*Écluse* indiquent la *Série des Figures* de son ouvrage; les chiffres placés après les noms de *Linné* désignent, savoir: ceux de la première colonne, les *Parties* de l'*Historia* de l'*Écluse;* ceux de la seconde, les *Pages;* ceux de la troisième, les numéros des *Figures* contenues dans chaque page, et qui sont indiquées dans le sens de l'écriture de gauche à droite.

Série des figures.		Partie.	Pages.	Figures.
1	Draco, *Dracæna Draco*, Lin. Figura plantarum hispanicarum, p. 12 (1).	1	1	1
2	Persea, *Laurus Persea*. Fig. plant. hisp. pag. 16.	1	3	1
3	Laurocerasus cum flore, *Prunus Lauro-Cerasus*. Fig. plant. pannonic. append.	1	4	1
4	Laurocerasus cum fructu, *Prunus Lauro-Cerasus*.	1	4	2
5	Citria malus, *Citrus medica*.	1	6	1
6	Limones, *Citrus medica*, var.	1	6	2
7	Malum aureum, *Citrus Aurantium*.	1	7	1

(1) Cette phrase, *Figura Plantarum hispanicarum*, placée au-

dessous du nom de la première figure de l'*Ecluse*, indique le renvoi à un ouvrage de cet Auteur, qui a pour titre : *Rariorum aliquot stirpium per Hispanias observatarum, Historia*, imprimé à Anvers en 1576, en un vol. in-8. avec 233 figures sur bois. Dans cette table de l'*Ecluse*, se trouvera aussi le renvoi à un autre ouvrage du même Botaniste, qui a pour titre : *Rariorum aliquot stirpium per Panno-*

N.º 2.

TABLE ALPHABÉTIQUE LATINE

Des noms de Linné *ramenés aux Figures de*
*l'*Historia Plantarum *de l'*Écluse.

Les chiffres de la première colonne indiquent les *Parties* de l'Ouvrage de l'*Écluse ;* ceux de la seconde, désignent les *Pages ;* ceux de la troisième, les numéros des *Figures* contenues dans chaque page, et qui sont indiquées dans le sens de l'écriture de gauche à droite.

	Partie.	Pages.	Figures.
Acer campestre , *Lin.*	I	10	1
Achillea atrata.	I	336	2
———— Clavenæ.	I	340	1
———— Millefolium , var.	I	331	1
———— Ptarmica.	II	12	1

niam, Austriam et vicinas quasdam provincias observatarum, Historia, publié à Anvers en 1583, en 1 vol. in-8. avec 359 fig. sur bois.

Ces deux ouvrages de l'*Écluse* avaient été publiés , le premier 25 ans , et le second 18 ans avant son *Historia* qui parut à Anvers en 1601, et dans laquelle il réunit les figures des *Plantæ Hispanicæ* et *Pannonicæ,* et en ajouta un grand nombre d'autres, dont une partie se trouve dans les ouvrages de *Dodoens* et de *Lobel.*

Il est très-difficile de distinguer dans les ouvrages de ces trois Botanistes, les figures qui appartiennent à chacun d'eux, par la raison que *Plantain,* qui était leur imprimeur, a fait servir les mêmes figures dans leurs ouvrages, soit du consentement de ces trois Botanistes, soit de sa propre idée, soit pour grossir les volumes en multipliant les figures.

Cependant l'on peut, sans craindre de se tromper, regarder l'*Écluse* comme inventeur des figures des *Plantæ Hispanicæ* et *Pannonicæ ;* *Dodoens* comme inventeur des figures de trois petits ouvrages qu'il a publiés sous le nom de , 1.º *Frumentorum,* etc. ; 2.º *Florum et Co-*

	Partie.	Pages.	Figures.
Achillea Ptarmica, var. flore pleno.	1 1	1 2	2
———— tomentosa.	1	33o	2
Aconitum Anthora.	1 1	98	2
————— Cammarum.	1 1	95	2
————— Cammarum, var.	1 1	96	1
————— Lycoctonum.	1 1	94	1
————— Napellus.	1 1	96	2
————— variegatum.	1 1	98	1
Acorus Calamus.	1	23r	1 et 2
Acrostichum Maranthæ.	1 1	212	3
Actæa spicata.	1 1	86	2
Adonis autumnalis.	1	336	1
———— vernalis.	1	333	1
Æsculus Hippocastanum.	1	8	1 et 2
Æthusa Meum.	1 1	198	2
Agaricus Chantarellus.	1 1	279	1
———— Georgii.	1 1	264	2
———— muscarius.	1 1	280	1.
Agave Americana.	1 1	16o	2
Ajuga reptans, var.	1 1	43	3
Alchemilla Alpina.	1 1	108	1
———— vulgaris.	1 1	108	2

Deux *Tables*, faites d'après le plan de celles-ci, pour les Auteurs de chaque ouvrage cité dans ce *Pinax*, formeront une collection de plus de soixante *Tables*, qui donneront à mon travail un mérite réel qu'on ne connaît plus aujourd'hui. Dans les livres anciens, les Tables

ronariarum, etc.; 3.° *Purgantium*, etc., et qu'il a réunis ensuite dans ses *Pemptades*; *Lobel* et *Pena* comme inventeurs des figures des *Adversaria*, qui sont en général mauvaises et bien inférieures à celles des deux autres Botanistes. Ces divers traités de l'*Ecluse* et de *Dodoens* sont aujourd'hui fort rares.

étaient des chefs-d'œuvre, comme on en peut juger par celles qui terminent l'*Historia* de l'*Écluse*, les *Pemptades* de *Dodoens*, etc. Aujourd'hui c'est la partie la plus négligée et la plus fautive dans les ouvrages d'histoire naturelle.

A l'aide de ce travail, qui deviendra la clef de tous les anciens Ouvrages de Botanique, on pourra écrire, ainsi que je l'ai fait, la synonymie de *Linné* sur les livres de plantes. Cette méthode, en fixant le nom de chaque figure ancienne, accoutume le Botaniste à reconnaître les figures qu'il a sous les yeux, sert à prévenir les erreurs et à indiquer les doubles emplois dans les synonymes.

Je diviserai toutes ces *Tables* en Tables des *grands* et des *petits Ouvrages*. Je comprendrai dans les premières, les Ouvrages qui ont plus de 600 figures; tels sont ceux de *Matthiole*, *Camerarius*, *Dodoens*, *Lobel*, l'*Écluse*, *Dalechamp*, *Tabernamontanus*, *Parkinson*, *Gerard*, *J. Bauhin*, *Morison*, *Barrelier*, *Plukenet*, etc.

Je rangerai dans les secondes, les Ouvrages qui contiennent moins de 600 figures. Dans cette classe se trouveront l'*Ecphrasis* et le *Phytobazanos* de *Columna*, le *Theatrum* et le *Prodromus* de *G. Bauhin*, les Ouvrages de *Cornuti*, *Prosper Alpin*, *Simon Pauli*, *Vaillant*, *Micheli*, etc.

En développant le plan de chacune des quatre parties, ou si l'on veut des quatre Ouvrages qui doivent composer ce *Pinax des Plantes Européennes*, mon intention est de consulter les Botanistes et de connaître leur opinion sur cet ouvrage. Je les invite à me faire part de leurs observations. Je recevrai avec reconnaissance celles qui me seront présentées, et je les ferai servir à rectifier mon travail.

Ces quatre Ouvrages, qui seront publiés successivement, et qui formeront autant de Traités différens qu'on pourra réunir ou séparer, seront disposés ainsi qu'il suit :

La première partie, qui présentera l'*Histoire critique et raisonnée des Auteurs qui ont donné des Figures de Plantes*, formera deux volumes in-8.

La seconde partie, que je publie en ce moment, comprend le *Pinax des Genres*, et forme un volume in-8.

La troisième partie, qui renfermera le *Pinax des Espèces*, sera composée de six volumes in-8.

Enfin la quatrième partie, qui présentera la collection complète des *Tables* de chaque ouvrage cité dans le *Pinax*, formera au moins six volumes in-8.

Les Tables seront publiées successivement, auteur par auteur, en commençant par les plus utiles; la totalité de l'ouvrage formera une série au moins de 15 vol. in-8.

Tel est le plan général du *Pinax des Plantes Européennes* que je me propose de faire paraître. Sa publication intéressant tous les vrais amis de la science, j'ose me flatter que la souscription que je propose sera remplie. Les amateurs en connaîtront les conditions dans le prospectus placé à la fin de ce volume. Le moment pour la publication d'un pareil ouvrage est d'autant plus favorable, qu'un nouvel ordre de choses va faire briller les sciences dans tout leur éclat. Le terme de nos souffrances est enfin arrivé, et bientôt tout changera de face. L'instruction publique va être réorganisée. L'éducation de la jeunesse, si négligée dans les temps orageux de la révolution, va devenir l'objet de la sollicitude du Gouvernement (1).

L'événement aussi heureux qu'inespéré qui replace aujourd'hui Louis XVIII sur le trône de ses ancêtres, promet à la France, avec le rétablissement de son ancienne monarchie, celui de la religion et des mœurs, la restauration des sciences et des lettres, la liberté de la presse, la cessation des impôts sur la librairie et l'imprimerie. Il nous fait jouir déjà du plus grand de tous les bienfaits, l'abolition de la conscription, ce fléau odieux qu'on a défini comme *le plus abominable sacrifice humain que jamais la barbarie ait offert sur les autels du démon de la guerre.*

C'est principalement pour les jeunes gens que ce bienfait est sans prix. En effet, quel avenir pouvaient-ils espérer ! Parvenus à l'âge de 18 ans, à cet âge où la jeunesse se perfectionne dans ses études, ils étaient obligés de servir malgré eux un gouvernement devenu odieux par l'effusion du sang humain. La conscription, en ne leur offrant que la plus affreuse perspective, jettait la désolation dans les familles, arrachait des bras de leurs parens, souvent vieux et infirmes, des enfans chéris, l'espoir de

---

(1) En attendant la publication des trois autres parties de ce *Pinax*, je ferai paraître un Ouvrage que j'ai déjà annoncé, et qui aura pour titre : *Instruction sur la chasse aux Insectes, contenant des détails sur la manière de les prendre, de les préparer et de les conserver.* Ce livre fera suite à l'*Art d'empailler les Oiseaux.* Je publierai successivement divers Traités sur la préparation des Quadrupèdes, des Poissons, etc., afin de ne laisser aucune branche de la zoologie sans livre élémentaire pour étudier et préparer les animaux qui la composent.

leur

leur vieillesse, l'unique objet de leur amour, et moisson-
nait ainsi, plusieurs fois par an, les générations à mesure
qu'elles naissaient à la vie. C'était aux mères de famille
qu'on pouvait appliquer ces paroles du prophète Isaïe : *On
a entendu dans Rama des plaintes et des cris lamentables :
c'est Rachel qui pleure ses enfans ; et elle ne veut point se
consoler parce qu'ils ne sont plus.*

La conscription obligeant les jeunes gens à porter les
armes, leur avait inspiré le dégoût du travail. Les sciences
et les lettres abandonnées, les études négligées, les ateliers
déserts, les arts sans activité, le commerce anéanti, la
population diminuée, l'agriculture sans bras, les campagnes sans habitans, tels étaient les maux résultans d'une
mesure sanguinaire qui nous conduisait à grands pas à la
barbarie.

Arrachés des bras de la mort, les jeunes gens pourront
désormais se livrer à de plus douces occupations. Remer-
cier le ciel de ce bienfait, aimer leur Roi, si digne d'être
aimé, vivre et mourir pour lui, prodiguer à leurs
parens les plus tendres soins, tels sont les avantages
inappréciables dont la jeunesse va jouir. Sous le régime
de la conscription, elle courait rapidement dans la car-
rière de la vie : sous le régime monarchique, elle y mar-
chera plus long-temps et sans périls. On ne pourra plus
désormais appliquer aux auteurs de leurs jours ces paroles
si déchirantes pour un cœur sensible : *Sic vos, non vobis.*

Les bienfaits de la Contre-révolution sont incalculables.
Par elle, la Religion et la Royauté sont rétablies, les
sciences et les lettres restaurées, les effets publics en crédit,

les denrées coloniales à un prix modéré, les communications ouvertes, nos colonies restituées, nos ports ouverts: par elle, le commerce sera débarrassé de ses entraves, la population rétablie dans son équilibre, l'agriculture en vigueur, enfin l'horrible conscription abolie.

Par elle, nous aurons la tranquillité dans l'état, la paix dans les familles, l'union dans les ménages, l'abondance dans nos campagnes, l'activité dans nos ateliers, l'industrie dans nos manufactures, et par-tout le mouvement et la vie.

L'enthousiasme des Français appelle au trône LOUIS XVIII, la volonté unanime des Peuples et des Rois l'y placent, le Ciel même l'ordonne ; et dans la Contre-révolution, qui oserait méconnaître le doigt de Dieu ! Dans nos chants d'allégresse, redisons sans cesse ces paroles consolantes : *Benedictus qui venit in nomine Domini.*

La Révolution française est un de ces événemens mémorables, qui a donné aux Peuples et aux Rois une leçon sans exemple dans les annales du monde. Elle a appris aux peuples, lorsqu'ils sont gouvernés par des Rois humains, vertueux, pacifiques, à ne pas les précipiter de leurs trônes ; et la Contre-révolution apprendra aux Rois à ne pas abuser de leurs pouvoirs, pour tyranniser les peuples, et les forcer à les déchoir de la royauté. Le malheur, l'infortune, les proscriptions, la terreur, la guerre, les crimes de tous genres, la mort, ont marché à la suite de la Révolution ; le bonheur, le repos, l'abondance, et la paix accompagnent la Contre-révolution. L'abolition de la royauté a plongé la France dans un océan de maux, la restauration de la monarchie nous ramène aux beaux siècles de François Ier, de Henri IV, de Louis XIV et de Louis XVI.

C'est sur-tout aux personnes qui s'adonnent à l'étude de l'Histoire naturelle, que la Contre-révolution promet un avenir flatteur. La paix générale rétablira les communications entre toutes les nations de l'Europe, qui ne formeront plus à l'avenir qu'un peuple d'amis et de frères. L'abolition des impôts sur la librairie permettra de se procurer les Ouvrages publiés par les savans étrangers, et de leur faire parvenir les nôtres. Les pays inaccessibles pour nous pendant la révolution seront ouverts, et le nom Français, rendu odieux à tous les peuples du Monde, va reprendre son premier éclat.

Des expéditions maritimes vont être entreprises. L'impulsion donnée par nos Rois se fera sentir plus vivement que jamais. A l'exemple des *Tournefort*, des *Plumier*, des *Feuillée*, des *Sonnerat*, des *Commerson*, des *Dombey*, une foule de jeunes naturalistes enflammés d'une noble ardeur, jaloux de marcher sur les traces de ces illustres Savans, iront jusqu'aux extrémités du monde proclamer le nom de LOUIS XVIII, et porter leurs pas partout où l'ardeur des découvertes peut conduire des hommes.

Ouvrons donc nos cœurs à l'espérance, rattachons-nous au gouvernement des BOURBONS, et que nos *sentimens soient purs comme les lys que nous arborons.*

Chargés des nobles fonctions de l'enseignement, insirons toujours aux jeunes gens l'amour de leurs Princes légitimes, l'obéissance aux lois, le respect pour la Religion. Apprenons-leur qu'au nom du Roi notre souverain Maître et Seigneur, il faut, en France, que tout genou fléchisse et que toute tête s'incline.

Unis de cœur et d'ame, répétons tous d'une voix unanime ce cri si propre à électriser les cœurs Français :

VIVE LE ROI!

TABLEAUX

TABLEAUX
DE CONCORDANCE DES GENRES
D'UN PINAX
DES PLANTES EUROPÉENNES.

A

1. ACANTHUS, *ACANTHE. Lin.gen.* 1065.
Syst. des plant. 3, pag. 141.
Acante. *Tourn.* 145, pl. 80 et 81.
Acanthus. *Tourn.* 176, tab. 80 et 81.
Ludw. gen. 321. *Gaert.* 1, p. 253, tab. 54, fig. 1. *Lam.* pl. 550. *Vent.* 2, p. 302, pl. 8, f. 5.
{ Acanthus. *Juss.* p. 103.
{ Dilivaria. *Juss.* p. 103.

2. ACER, *ÉRABLE. Lin. gen.* 1590.
Syst. des plant. 4, pag. 274.
Érable. *Tourn.* 488, pl. 386.
Acer. *Tourn.* 615, t. 386. *Duham.* 1, p. 27 et 30. *Ludw. gen.* 726. *Hall.* 1, p. 442. *Gaert.* 2, p. 166, t. 116, f. 1. *Lam.* pl. 844. *Boiss.* 6.e liv. p. et pl. 660. *Mirb.* 12, p. 18. *Juss.* p. 251. *Vent.* 3, p. 135, pl. 15, f. 5.

3. ACHILLEA, *ACHILLÉE. Lin.gen.* 1313.
Syst. des plant. 3, pag. 578.
{ Mille-feuille. *Tourn.* 397, pl. 283.
{ Ptarmica. *Tourn.* 397, pl. 283.
{ Millefolium. *Tourn.* 495, t. 283.
{ Ptarmica. *Tourn.* 496, t. 283.
Achillea. *Vail.* 1720, p. 320, g. 3, pl. 9, f. 36, 2 et 10. *Hall.* 1, p. 45. *Ludw. gen.* 465. *Gaert.* 2, p. 426, t. 168, f. 9. *Lam.* pl. 683. *Boiss.* 3.e liv. p. et pl. 566. *Juss.* p. 186. *Vent.* 2, p. 520, pl. 12, f. 5.

4. ACHYRANTES, *ACHYRANTE. L. g.* 404.
Syst. des plant. 1, pag. 387.
Amarante. *Tourn.* p. 201, pl. 118.

Amaranthus. *Tourn.* 234, tab. 118.
Achyrantes. *Ludw. gen.* 677. *Gaert.* 2, p. 214, t. 128, f. 6. *Lam.* pl. 168. *Juss.* p. 88. *Vent.* 2, p. 266, pl. 7, f. 4.

5. ACONITUM, *ACONIT. Lin. gen.* 928.
Syst. des plant. 2, pag. 425.
Aconit. *Tourn.* 337, pl. 239 et 240.
Aconitum. *Tourn.* 424, t. 239 et 240.
Ludw. gen. 833. *Mill.* 321, tab. 48.
Hall. 2, p. 89. *Gaert.* 1, p. 311, t. 65, f. 4. *Lam.* pl. 482. *Boiss.* 2.e liv. p. et pl. 369. *Mirb.* 11, p. 201. *Juss.* p. 234. *Vent.* 3, p. 63, pl. 13, f. 5.

6. ACORUS, *ACORE. Lin. gen.* 586.
Syst. des plant. 2, pag. 64.
Calamus aromaticus. *Mich.* p. 43, tab. 31.
Acorus. *Ludw. gen.* 983. *Hall.* 2, p. 164. *Gaert.* 2, p. 27, tab. 84, f. 10.
Lam. pl. 252. *Juss.* p. 25. *Vent.* 2, p. 86, pl. 2, f. 4.

7. ACROSTICHUM, *ACROSTICH. L. g.* 1625.
Syst. des plant. 4, pag. 316.
{ Filicula. *Tourn.* 432.
{ Ceterac. *Tourn.* 434, pl. 318.
{ Filicula. *Tourn.* 541.
{ Asplenium. *Tourn.* 544, tab. 318.
Schisæa. *Mirb.* 5, p. 60.
Acrostichum. *Ludw. g.* 1188. *Hall.* 3, p. 17. *Lam.* pl. 865. *Juss.* p. 15.
Vent. 2, p. 62, pl. 2, f. 2.

8. ACTÆA, *ACTÉE. Lin. gen.* 877.
Syst. des plant. 2, pag. 387.

Herbe de St. Chrystophe. *Tourn.*
248, pl. 154.
Christophoriana. *Tourn.* 299, tab.
154. *Ludw. gen.* 592.
Actæa. *Hall.* 2, p. 24. *Gaert.* 2,
p. 154, tab. 114, f. 1. *Lam.* pl. 448.
Juss. p. 235. *Vent.* 3, p. 66, pl. 13,
fig. 5.

9. ADIANTUM, *CAPILLAIRE. Lin. g.* 1633.
Syst. des plant. 4, pag. 338.
Capillaire. *Tourn.* 433, pl. 317.
Adiantum. *Tourn.* 543, tab. 317.
Ludw. gen. 1192. *Hall.* 3, p. 17.
Lam. pl. 870. *Juss.* pag. 15. *Vent.*
2, p. 65, pl. 2, f. 2.
{ Adiantum. *Mirb.* 5, p. 108.
{ Davalia. *Mirb.* 5, p. 93.
{ Diksonia. *Mirb.* 5, p. 93.

10. ADONIS, *ADONIS. Lin. gen.* 952.
Syst. des plant. 2, pag. 450.
Renoncule. *Tourn.* 240, pl. 149.
Ranunculus. *Tourn.* 285, tab. 149.
Adonis. *Dillen. g.* 109, t. 4. *Ludw.
gen.* 944. *Hall.* 2, p. 66. *Gaert.* 1,
p. 355, tab. 74, f. 6. *Lam.* pl. 498.
Juss. pag. 232. *Vent.* 3, p. 571,
pl. 13, f. 5.

11. ADOXA, *MOSCHATELLINE. L. g.* 684.
Syst. des plant. 2, pag. 152.
Moschatellina. *Tourn.* 128, pl. 68.
Moschatellina. *Tourn.* 156, t. 68.
Ludw. g. 192. *Hall.* 1, p. 429.
Adoxa. *Mill.* 282, tab. 28. *Gaert.*
2, p. 141, tab. 112, f. 3. *Lam.* pl.
320. *Boiss.* 5.e liv. pag. et pl. 290.
Juss. pag. 309. *Vent.* 3, p. 285,
pl. 18, f. 4.

12. ÆGYLOPS, *ÉGYLOPE. Lin. gen.* 1572.
Syst. des plant. 4, pag. 262.
Ægylops. *Ludw. g.* 1067. *Gaert.* 2,
p. 467, tab. 175. *Lam.* pl. 839. *Juss.*
p. 30. *Vent.* 2, p. 103, pl. 3, f. 3.
Koel. p. 355, gen. 33, tab. 34.

13. ÆGOPODIUM, *PODAGRAIRE. L g.* 500.
Syst. des plant. 1, pag. 497.
Angélique. *Tourn.* 262, pl. 167.
Angelica. *Tourn.* 313, tab. 167.
Podagraria. *Dill. g.* 99, t. 3. *Ludw.*

gen. 840. *Hall.* 1, p. 333. *Gaert.*
1, p. 274, tab. 140, f. 4.
Pimpinella. *Lam.* pl. 203. *Vent.* 3,
p. 9, pl. 13, f. 4.
Ægopodium. *Juss.* pag. 219.

14. ÆSCULUS, *MARRONIER. Lin. g.* 628.
Syst. des plant. 2, pag. 95.
Marronier d'Inde. *Tourn.* 485, pl.
382.
Hippocastanum. *Tourn.* 611, tab.
382. *Ludw. gen.* 818. *Hall.* 1, pag.
442. *Gaert.* 2, p. 135, t. 111, f. 2.
{ Hippocastanum. *Duh.* 1, p. 293.
{ Pavia. *Duham.* 2, p. 97.
{ Hippocastanum. *Lam.* pl. 273.
{ Pavia. *Lam.* pl. 273.
{ Hippocastanum. *Vent.* 3, p. 133,
{ pl. 15, f. 5.
{ Pavia. *Vent.* 3, p. 135, pl. 15, f. 5.
Pavia. *Boerrh.* pars 2, p. 260.
Æsculus. *Mill.* 273, tab. 23. *Juss.*
pag. 251.

15. ÆTHUSA, *ÉTHUSE. Lin. gen.* 487.
Syst. des plant. 1, p. 479.
{ Meum. *Tourn.* 261, pl. 165.
{ Ciguë. *Tourn.* 255, pl. 160.
{ Meum. *Tourn.* 312, tab. 165.
{ Cicuta. *Tourn.* 306, tab. 160.
{ Æthusa. *Gaert.* 1, p. 94, t. 22, f. 3.
{ Meum. *Gaert.* 1, p. 105, t. 23, f. 6.
Æthusa. *Ludw. g.* 874. *Hall.* 1, p.
336. *Lam.* pl. 196. *Boiss.* 10.e liv.
p. et pl. 206. *Juss.* p. 220. *Vent.*
3, p. 16, pl. 13, f. 4.

16. AGARICUS, *AGARIC. Lin. gen.* 1674.
Syst. des plant. 4, pag. 409.
Champignon. *Tourn.* 439, pl. 327.
Fungus. *Tourn.* 556, tab. 327 et 328.
Amanita. *Ludw. gen.* 1223.
{ Agaricum. *Mich.* 122, t. 65, ord. 7.
{ Fungus. *Mich.* 133, tab. 73 à 82.
{ Helvella. *Bull.* 1, p. 287, pl. 498.
{ Agaricus. *Bull.* 2, p. .., pl. 20.
{ Merullius. *Hall.* 3, p. 150.
{ Amanita. *Hall.* 3, p. 151.
{ Amanita. *Lam.* pl. 882.
{ Merullius. *Lam.* pl. 883.
{ Cantharellus. *Lam.* pl. 883.
Agaricus. *Mill.* 439, tab. 104. *Gle*

dils. 81 , gen. 6 , t. 3. *Mirb.* 4 , pag.
110. *Juss.* pag. 4. *Vent.* 2 , p. 24 ,
pl. 1 , fig. 4.
 Pseudofarinaceus. *Batt.* 29 , t. 5 ,
  A , B , C.
 Fungus. *Batt.* 29 , tab. 7 , A.
 Mastocephalus. *Batt.* 30 , t. 10 , A.
 Leucomyces. *Batt.* 27 , tab. 4 , A,
  B , C , D , E , F.
 Hystero - sphærocephalus. *Batt.*
  31 , tab. 10 , F.
 Mastoleucomyces. *Batt.* 31 , tab.
  7 , G.
 Leuco-spherocephalus. *Batt.* 32 ,
  tab. 7 , D.
 Spherocephalus. *Batt.* 32 , t. 8 , F.
 Chamæmyces. *Batt.* 32 , tab. 7 , E.
 Galericulus. *Batt.* 33 , tab. 7 , F.
 Gomphos. *Batt.* 33 , tab. 23 , E.
 Polymyces. *Batt.* 33 , tab. 10 , D.
 Omphalomyces. *Batt.* 36 , tab. 12 ,
  A , B , C , D , E , F.
 Alectorolophoides. *Batt.* 39 , tab.
  14 , A , B , C.
 Monomyces. *Batt.* 41 , t. 13 , F.
 Picromyces. *Batt.* 47 , t. 15 , D.
 Myomyces. *Batt.* 48 , t. 17 , B, D.
 Polymyces. *Batt.* 49 , tab. 22 , A ,
  B , C , D.
 Hydrophorus. *Batt.* 51 , t. 18 , D.
 Bulla. *Batt.* 55 , t. 27 , A, B, C, D.
 Lythodermomyces. *Batt.* 62 , tab.
  24 , B.
 Agaricus. *Batt.* 66 , tab. 32 , A , B.
 Orcella. *Batt.* 74 , tab. 39 , A , B.
17. AGRIMONIA, *AIGREMOINE.* L. g. 830.
Syst. des plant. 2 , pag. 295.
 Aigremoine. *Tourn.* 251 , pl. 155.
 Agrimonoides. *Tour.* 251 , pl. 155.
 Agrimonia. *Tourn.* 301 , tab. 155.
 Agrimonoides. *Tourn.* 301 , t. 155.
Agrimonia. *Ludw. gen.* 793. *Hall.*
1 , p. 423. *Mill.* 301 , tab. 38. *Gaert.*
1 , p. 347 , tab. 73 , f. 3. *Lam.* pl.
409. *Mirb.* 13 , p. 145. *Boiss.* 3e liv.
p. et pl. 333. *Juss.* pag. 336. *Vent.*
3 , p. 342 , pl. 21 , f. 1.
18. AGROSTEMA, *AGROSTEME.* L. g. 795.
Syst. des plant. 2 , pag. 267.

Lychnis. *Tourn.* 280 , pl. 175.
Lychnis. *Tourn.* 333 , tab. 175.
Ludw. gen. 757. *Hall.* 1 , p. 399.
 Agrostema. *Vent.* 3 , p. 248 , pl. 17 ,
  f. 2.
 Githago. *Vent.* 3 , p. 248 , pl. 17 , f. 2.
Agrostema. *Gaert.* 2 , p. 228 , tab.
130 , f. 1. *Juss.* pag. 302.
19. AGROSTIS, *AGROSTIS.* Lin. gen. 111.
Syst. des plant. 1 , pag. 113.
Gramen sparteum. *Dill.* g. 172 , t. 16.
Poa. *Hall.* 2 , pag. 225.
 Agrostis. *Koel.* p. 76 , gen. 12 , t. 13.
 Calamagrostis. *Koel.* p. 100 , gen.
  13 , tab. 14.
Agrostis. *Ludw. gen.* 1035. *Lam.*
pl. 41. *Juss.* p. 29. *Vent.* 2 , pl. 99 ,
pl. 3 , f. 3.
20. AIRA , *FOIN.* Lin. gen. 112.
Syst. des plant. 1 , pag. 116.
Avena. *Hall.* 2 , p. 227.
 Aira. *Koel.* p. 124 , gen. 17 , t. 18.
 Poa. *Koel.* p. 154 , gen. 21 , t. 22.
 Avena. *Koel.* p. 276 , gen. 26 , t. 27.
Aira. *Ludw. gen.* 1041. *Gaert.* 1 ,
p. 4 , tab. 1 , f. 7. *Lam.* pl. 44. *Juss,*
p. 31. *Vent.* 2 , p. 104 , pl. 3 , f. 3.
21. AIZOON, *AIZOON.* Lin. gen. 861.
Syst. des plant. 2 , pag. 353.
Ficoidea. *Dill. gen.* p. 159 , tab. 12.
Aizoon. *Lam.* pl. 437. *Gaert.* 1 , p.
370 , t. 75 , f. 9. *Ludw. gen.* 1016.
Juss. p. 316. *Vent.* 3 , p. 268 , pl.
19 , fig. 3.
22. AJUGA, *BUGLE.* Lin. gen. 959.
Syst. des plant. 3 , pag. 10.
Bugle. *Tourn.* 177 , pl. 98.
Bugula. *Tourn.* 208 , t. 98. *Ludw.
gen.* 270. *Hall.* 1 , pag. 123. *Juss.*
p. 112. *Vent.* 2 , p. 231 , pl. 9 , f. 3.
Ajuga. *Lam.* pl. 501. *Boiss.* 8.e liv.
p. et pl. 385.
23. ALCHEMILLA, *ALCHEMILLE.* L. g. 222.
Syst. des plant. 1 , pag. 218.
Pié de lion. *Tourn.* 408 , pl. 289.
Alchimilla. *Tourn.* 508 , tab. 289.
Ludw. gen. 958. *Vent.* 3 , p. 345 ,
pl. 21 , f. 1. *Juss.* p. 337.
Alchemilla. *Hall.* 2 , p. 262. *Gaert.*

1, p. 346, tab. 73, f. 1. *Lam.* pl. 86,
Boiss. 8.e liv. p. et pl. 93.

24. ALDROVANDA, *ALDROVANDE. Lin.*
gen. 529.
Syst. des plant. 1, pag. 524.
Aldrovanda. *Ludw. gen.* 716. *Lam.*
pl. 220. *Juss.* pag. 429.

25. ALISMA, *FLUTEAU. Lin. gen.* 625.
Syst. des plant. 2, pag. 91.
{ Damasonium. *Tourn.* pag. 224,
pl. 132.
Renoncule. *Tourn.* p. 240, pl. 149.
{ Damasonium. *Tourn.* 256, t. 132.
Ranunculus. *Tourn.* 285, t. 149.
{ Alisma. *Ludw. gen.* 501.
Damasonium. *Ludw. gen.* 502.
{ Damasonium. *Vent.* 2, p. 158, pl.
4, f. 3.
Alisma. *Vent.* 2, p. 158, pl. 4, f. 3.
Damasonium. *Hall.* 2, pag. 79.
Alisma. *Mill.* 271, tab. 22. *Gaert.*
2, p. 22, tab. 84, f. 4. *Lam.* pl. 272.
Mirb. 6, p. 250. *Juss.* pag. 46.

26. ALLIUM, *AIL. Lin. gen.* 557.
Syst. des plant. 2, pag. 23.
{ Ail. *Tourn.* p. 304, pl. 206.
Oignon. *Tourn.* p. 303, p. 205.
Poireau. *Tourn.* p. 303, pl. 204.
{ Allium. *Tourn.* 383, tab. 206.
Cepa. *Tourn.* 382, tab. 205.
Porrum. *Tourn.* 382, tab. 204.
Scorodoprasum. *Mich.* 24, tab. 24.
Allium. *Ludw. gen.* 912. *Hall.* 2,
p. 104. *Opusc. bot.* 325, t. 1 et 2.
Gaert. 1, p. 56, tab. 16, f. 2. *Lam.*
pl. 242. *Mirb.* 6, p. 312. *Juss.* p. 53.
Vent. 2, p. 166, pl. 4, f. 4.

27. ALOPECURUS, *VULPIN. Lin. g.* 102.
Syst. des plant. 1, pag. 110.
Panis. *Tourn.* 416, pl. 298.
Panicum. *Tourn.* 515.
{ Alopecurus. *Koel.* p. 31, gen. 5,
tab. 6.
Phleum. *Koel.* p. 47, g. 7, tab. 8.
Alopecurus. *Ludw. gen.* 1032. *Hall.*
2, p. 248. *Gaert.* 1, p. 2, t. 1, f. 2.
Lam. pl. 42. *Juss.* p. 29. *Vent.* 2,
p. 97, pl. 3, f. 3.

28. ALSINE, *MORGELINE. Lin. gen.* 518.

Syst. des plant. 1, pag. 511.
Morgeline. *Tourn.* 208, pl. 126.
Alsine. *Tourn.* 242, tab. 126. *Ludw.*
gen. 753. *Hall.* 1, p. 381. *Gaert.*
2, p. 223, tab. 129, f. 7. *Lam.* pl.
214. *Boiss.* 4.e liv. pag. et pl. 228.
Juss. pag. 300. *Vent.* 3, p. 239,
pl. 17, f. 2.

29. ALTHÆA, *GUIMAUVE. Lin. g.* 1132.
Syst. des plant. 3, pag. 237.
Guimauve. *Tourn.* pag. 81.
Althæa. *Tourn.* 97. *Ludw. gen.* 209.
Hall. 2, p. 23. *Gaert.* 2, p. 258,
tab. 136, f. 3. *Lam.* pl. 581. *Juss.*
pag. 272. *Vent.* 3, pag. 183, pl. 17,
fig. 3.

30. ALYSSUM, *ALYSSON. Lin. gen.* 1081.
Syst. des plant. 3, pag. 165.
{ Alysson. *Tourn.* 185, pl. 104.
Alyssoides. *Tourn.* 186, pl. 104.
Bulbonac. *Tourn.* 187, pl. 105.
{ Alysson. *Tourn.* 216, tab. 104.
Alyssoides. *Tourn.* 218, tab. 104.
Lunaria. *Tourn.* 218, tab. 105.
Vesicaria. *Tourn.* cor. 49, t. 483.
{ Alyssum. *Lam.* pl. 559.
Vesicaria. *Lam.* pl. 559.
{ Alyssum. *Vent.* 3, p. 107, pl. 15, f. 2.
Vesicaria. *Vent.* 3, p. 108, pl. 15, f. 2.
Alyssum. *Ludw. gen.* 554. *Hall.* 1,
p. 212. *Gaert.* 2, p. 282, tab. 141,
f. 4. *Juss.* p. 240.

31. AMARANTHUS, *AMARANTHE. Lin. g.*
1431.
Syst. des plant. 4, pag. 111.
{ Amarante. *Tourn.* 201, pl. 118.
Bléte. *Tourn.* 407, pl. 288.
{ Amaranthus. *Tourn.* 234, t. 118.
Blitum. *Tourn.* 507, tab. 288.
Amaranthus. *Ludw. g.* 1112. *Hall.*
2, p. 280. *Gaert.* 2, p. 215, t. 128,
f. 7. *Lam.* pl. 767. *Mirb.* 8, p. 69.
Juss. p. 88. *Vent.* 2, p. 265, pl. 7,
fig. 4.

32. AMARYLLIS, *AMARYLLIS. L. g.* 554.
Syst. des plant. 2, pag. 20.
Lis-Narcisse. *Tourn.* 305, pl. 207.
Lilio-Narcissus. *Tourn.* 385, t. 207.
Amaryllis. *Ludw. gen.* 911. *Mill.*

263, tab. 18. *Lam.* pl. 227. *Juss.*
p. 55. *Vent.* 2, p. 183, pl. 4, f. 5.

33. AMBROSIA, *AMBROSIE. Lin. g.* 1427.
Syst. des plant. 4, pag. 108.
Ambrosie. *Tourn.* 348, pl. 252.
Ambrosia. *Tourn.* 439, tab. 252.
Ludw. gen. 1079. *Gaert.* 2, p. 417,
tab. 164, f. 10. *Lam.* pl. 765. *Juss.*
p. 191. *Vent.* 3, p. 537, pl. 23, f. 2.

34. AMMI, *AMMI. Lin. gen.* 467.
Syst. des plant. 1, pag. 453.
Ammi. *Tourn.* 254, pl. 159.
Ammi. *Tourn.* 304, t. 159. *Ludw.*
gen. 880. *Gaert.* 1, p. 98, tab. 22,
f. 8. *Lam.* pl. 193. *Juss.* p. 224.
Vent. 3, p. 30, pl. 13, f. 4.

35. AMYGDALUS, *AMANDIER. Lin. g.* 848.
Syst. des plant. 2, pag. 328.
{ Amandier. *Tourn.* 497, pl. 402.
{ Pêcher. *Tourn.* 495, pl. 400.
{ Amygdalus. *Tourn.* 627, tab. 402.
{ Persica. *Tourn.* 624, tab. 400.
{ Amygdalus. *Duham.* 1, p. 47.
{ Persica. *Duham.* 2, p. 105.
Amygdalus. *Ludw. gen.* 779. *Hall.*
2, p. 25. *Gaert.* 2, p. 74, tab. 93,
f. 3. *Lam.* pl. 430. *Mirb.* 13, p. 145
et 178. *Boiss.* 8.e liv. p. et pl. 342.
Juss. p. 341. *Vent.* 3, p. 356, pl.
21, f. 4.

36. ANABASIS, *ANABASE. Lin. gen.* 438.
Syst. des plant. 1, pag. 422.
Soude. *Tourn.* 213, pl. 128.
Kali. *Tourn.* 247, tab. 128. *Ludw.*
gen. 968.
Anabasis. *Gaert.* 1, p. 473, t. 77, f. 4.
Juss. pag. 84.

37. ANACYCLUS, *ANACYCLE. L. g.* 1311.
Syst. des plant. 3, pag. 573.
Cotula. *Tourn.* 396, pl. 282.
Cotula. *Tourn.* 495, tab. 282.
Santolinoïdes. *Vail.* 1719, p. 312, g.
3, pl. 20, f. 29 et 30. *Mich.* 31, t. 27.
Santolina. *Ludw. gen.* 421.
Anacyclus. *Gaert.* 2, p. 397, t. 165.
f. 11. *Lam.* pl. 700. *Juss.* p. 185.
Vent. 2, p. 519, pl. 12, f. 5.

38. ANAGALLIS, *MOURON. Lin. gen.* 270.
Syst. des plant. 1, pag. 282.

{ Mouron. *Tourn.* 118, pl. 59.
{ Corneille. *Tourn.* 118, pl. 59.
{ Anagallis. *Tourn.* 142, tab. 59.
{ Lysimachia. *Tourn.* 141, tab. 59.
Anagallis. *Ludw. gen.* 69. *Hall.* 1,
p. 276. *Gaert.* 1, p. 230, tab. 50,
f. 6. *Lam.* pl. 101. *Boiss.* 10.e liv.
p. et pl. 128. *Mirb.* 8, p. 113. *Juss.*
p. 95. *Vent.* 2, p. 287, pl. 8, f. 2.

39. ANAGYRIS, *ANAGYRE. Lin. gen.* 695.
Syst. des plant. 2, pag. 172.
Bois puant. *Tourn.* 507, pl. 415.
Anagyris. *Tourn.* 647, tab. 415.
Duham. 1, p. 51. *Ludw. gen.* 659.
Lam. pl. 328. *Juss.* p. 352. *Vent.*
3, p. 382, pl. 22, f. 1.

40. ANASTATICA, *ANASTATIQUE. Lin. g.*
1074.
Syst. des plant. 3, pag. 150.
Thlaspi. *Tourn.* 212, tab. 101.
Anastatica. *Ludw. gen.* 551. *Gaert.*
2, p. 286, tab. 141, f. 11. *Lam.*
pl. 555. *Juss.* p. 241. *Vent.* 3, pag.
112, pl. 15, f. 2.

41. ANCHUSA, *BUGLOSSE. Lin. gen.* 242.
Syst. des plant. 1, pag. 253.
Buglosse. *Tourn.* 110, pl. 53.
Buglossum. *Tourn.* 133, tab. 53.
Ludw. gen. 59. *Hall.* 1, pag. 265.
Gaert. 1, p. 322, tab. 67, f. 2.
Anchusa. *Lam.* pl. 92. *Juss.* p. 131.
Vent. 2, p. 391, pl. 10, f. 1.

42. ANDRACHNE, *ANDRACHNÉE. Lin. g.*
1483.
Syst. des plant. 4, pag. 168.
Thelephioides. *Tourn.* coroll. 50,
tab. 485.
Andrachne. *Ludw. gen.* 1085. *Mill.*
397, tab. 84. *Gaert.* 2, p. 124, tab.
108, f. 4. *Lam.* pl. 797. *Juss.* pag.
387. *Vent.* 3, p. 490, pl. 22, f. 4.

43. ANDROMEDA, *ANDROMÉDE. Lin. g.*
747.
Syst. des plant. 2, pag. 207.
Bruyère. *Tourn.* 474, pl. 373.
Erica. *Tourn.* 602, tab. 373. *Ludw.*
gen. 197.
Andromeda. *Hall.* 1, pag. 434.
Gaert. 1, p. 304, t. 63, f. 5; et 2,

p. 481, t. 178, f. 2. *Lam.* pl. 365.
Boiss. 7.ᵉ liv. p. et pl. 305. *Juss.*
p. 160. *Vent.* 2, p. 461, pl. 12, f. 1.

44. ANDROPOGON, *BARBON. Lin.* g. 1566.
Syst. des plant. 4, pag. 253.
Andropogon. *Ludw.* g. 1066. *Hall.*
2, p. 203. *Lam.* pl. 840. *Juss.* p. 30.
Vent. 2, p. 101, pl. 3, f. 3. *Koel.*
pag. 115, gen. 15, tab. 16.

45. ANDROSACE, *ANDROSACE. L.* g. 257.
Syst. des plant. 1, pag. 269.
Androsace. *Tourn.* 100, pl. 46.
Androsace. *Tourn.* 123, t. 46. *Ludw.*
g. 73. *Hall.* 1, p. 276. *Gaert.* 1, p.
232, t. 50, f. 8. *Lam.* pl. 98, f. 1 et 2.
Boiss. 12.ᵉ liv. p. et pl. 120. *Juss.*
p. 96. *Vent.* 2, p. 289, pl. 8, f. 2.

46. ANDRYALA, *ANDRYALE. L.* g. 1240.
Syst. des plant. 3, pag. 447.
Hieracium. *Tourn.* 373, pl. 267.
Hieracium. *Tourn.* 469, tab. 267.
Hall. 1, pag. 14.
Eriophorus. *Vail.* 1721, p. 212, g.
1, pl. 7, f. 20.
Andryala. *Ludw. gen.* 443. *Gaert.*
2, p. 361, tab. 158, f. 4. *Lam.* pl.
657. *Juss.* p. 171. *Vent.* 2, p. 491,
pl. 12, f. 3.

47. ANEMONE, *ANEMONE. Lin.* gen. 948.
Syst. des plant. 2, pag. 439.
{ Anemone. *Tourn.* 238, pl. 147.
{ Coquelourde. *Tourn.* 239, pl. 148.
{ Renoncule. *Tourn.* 240, pl. 149.
{ Anemone. *Tourn.* 275, tab. 147.
{ Pulsatilla. *Tourn.* 284, tab. 148.
{ Ranunculus. *Tourn.* 285, t. 149.
{ Anem. Ranunc. *Dill.* g. 107, t. 4
{ Anemonoides. *Dill.* g. 107, tab. 4.
{ Hepatica. *Dill.* g. 108, tab. 5.
Hepatica. *Hall.* 2, pag. 65.
Anemone. *Hall.* 2, p. 60. *Ludw.*
gen. 931. *Gaert.* 1, p. 357, tab. 74,
f. 9. *Lam.* pl. 496. *Mirb.* 1, p. 160
et 165. *Boiss.* 3.ᵉ liv. p. et pl. 375.
Juss. p. 232. *Vent.* 3, p. 56, pl. 13, f. 5.

48. ANETHUM, *ANETH. Lin.* gen. 496.
Syst. des plant. 1, pag. 491.
{ Anet. *Tourn.* 267, pl. 169.
{ Fenouil. *Tourn.* 260, pl. 164.

{ Anethum. *Tourn.* 317, tab. 169.
{ Fœniculum. *Tourn.* 311, t. 164.
{ Anethum. *Gaert.* 1, p. 91, t. 21,
{   f. 11.
{ Fœniculum. *Gaert.* 1, p. 104, tab.
{   23, f. 5.
Anethum. *Ludw. gen.* 839. *Mill.*
253, tab. 13. *Lam.* pl. 204. *Juss.*
p. 219. *Vent.* 3, p. 11, pl. 13, f. 4.

49. ANGELICA, *ANGÉLIQUE. Lin.* g. 479.
Syst. des plant. 1, pag. 469.
{ Angélique. *Tourn.* 262, pl. 167.
{ Impératoire. *Tourn.* 266, pl. 168.
{ Angelica. *Tourn.* 313, tab. 167.
{ Imperatoria. *Tourn.* 316, t. 168.
Angelica. *Ludw. gen.* 843. *Hall.* 1,
p. 358. *Gaert.* 2, p. 29, t. 85, f. 3.
Lam. pl. 198. *Juss.* p. 222. *Vent.*
3, p. 21, pl. 13, f. 4.

50. ANTHEMIS, *CAMOMILLE. Lin. gen.*
1312.
Syst. des plant. 3, pag. 574.
{ Camomille. *Tourn.* 395, pl. 281.
{ Cotula. *Tourn.* 396, pl. 282.
{ Œil de bœuf. *Tourn.* 396, pl. 282.
{ Marguerite. *Tourn.* 393.
{ Chamœmelum. *Tourn.* 494, t. 281.
{ Cotula. *Tourn.* 495, tab. 282.
{ Buphthalmum. *Tourn.* 495, t. 282.
{ Leucanthemum. *Tourn.* 492.
Chamœmelum. *Vail.* 1720, p. 316,
g. 2, pl. 9, f. 31, 32, 33 et 17. *Hall.*
1, p. 43. *Ludw. gen.* 464.
{ Anthemis. *Gaert.* 2, p. 433, tab.
{   169, f. 4.
{ Chamœmelum. *Gaert.* 2, p. 426,
{   t. 168, f. 10.
{ Anthemis. *Vent.* 2, p. 519, pl. 12,
{   f. 5.
{ Pyrethrum. *Vent.* 2, p. 547, pl.
{   12, f. 5.
Anthemis. *Mich.* 32, t. 30. *Lam.*
pl. 683. *Juss.* p. 185.

51. ANTHERICUM, *ANTHÉRIC. L.* g. 570.
Syst. des plant. 2, pag. 46.
{ Lis de St. Bruno. *Tourn.* 296, pl.
{   194.
{ Phalangium. *Tourn.* 296, pl. 193.
{ Asfodèle. *Tourn.* 285, pl. 178.

{ Liliastrum. *Tourn.* 369, tab. 194.
{ Phalangium. *Tourn.* 368, t. 193.
{ Asphodelus. *Tourn.* 343, t. 178.
{ Anthericum. *Juss.* p. 52.
{ Phalangium. *Juss.* p. 52.
{ Narthecium. *Vent.* 2, p. 154, pl. 4, f. 2.
{ Anthericum. *Vent.* 2, p. 162, pl. 4, f. 4.
{ Phalangium. *Vent.* 2, p. 162, pl. 4, f. 4.
Phalangium. *Ludw. gen.* 899. *Lam.* pl. 240.
Anthericum. *Hall.* 2, p. 98. *Gaert.* 1, p. 55, tab. 16, f. 1. *Lam.* pl. 240. *Boiss.* 3.e liv. p. et pl. 254.

52. ANTHOCEROS, *ANTHOCÉRE. L.g.* 1664.
Syst. des plant. 4, pag. 376.
Anthoceros. *Dill.* musc. g. 9, p. 18, t. 68. *Mich.* p. 10, tab. 7. *Ludw. g.* 1218. *Hall.* 3, p. 67. *Lam.* pl. 876. *Mirb.* 4, p. 169 et 195. *Juss.* p. 8. *Vent.* 2, p. 39, pl. 1, f. 6.

3. ANTHOXANTHUM, *FLOUVE. L.g.* 58.
Syst. des plant. 1, pag. 52.
Avena. *Hall.* 2, p. 227.
Antitragus. *Gaert.* 2, p. 7, tab. 80, f. 7.
{ Anthoxanthum. *Vent.* 2, p. 96, pl. 3, f. 3.
{ Crypsis. *Vent.* 2, p. 97, pl. 3, f. 3.
Anthoxanthum. *Ludw. gen.* 1023. *Mill.* 235, tab. 4. *Lam.* pl. 23. *Juss.* pag. 29. *Koel.* pag. 68, gen. 10, tab. 11.

54. ANTHYLLIS, *VULNÉRAIRE. L.g.* 1174
Syst. des plant. 3, pag. 298.
{ Vulnéraire. *Tourn.* 311, pl. 211.
{ Barba Jovis. *Tourn.* 511, pl. 419.
{ Erinacea. *Tourn.* 506.
{ Lotier. *Tourn.* 321, pl. 227.
{ Vulneraria. *Tourn.* 391, tab. 211.
{ Barba Jovis. *Tourn* 650, tab. 419.
{ Erinacea. *Tourn.* 646.
{ Lotus. *Tourn.* 402, tab. 227.
Barba Jovis. *Duham.* 1, p. 93.
Vulneraria. *Hall.* 1, p. 173.
Anthyllis. *Ludw. gen.* 616. *Gaert.* 2, p. 307, tab. 145, f. 3. *Lam.* pl. 615.

Juss. p. 355. *Vent.* 3, p. 394, pl. 22, f. 1.

55. ANTIRRHINUM, *MUFFLIER. Lin.* g. 1007.
Syst. des plant. 3, pag. 89.
{ Mufle de veau. *Tourn.* 137, pl. 75.
{ Linaire. *Tourn.* 138, pl. 76.
{ Asarine. *Tourn.* 139, pl. 76.
{ Antirrhinum. *Tourn.* 167, tab. 75.
{ Linaria. *Tourn.* 168, tab. 76.
{ Asarina. *Tourn.* 171, tab. 76.
{ Linaria. *Juss.* p. 120.
{ Antirrhinum. *Juss.* p. 120.
{ Linaria. *Vent.* 2, p. 360, pl. 9, f. 4.
{ Antirrhinum. *Vent.* 2, p. 362, pl. 9, f. 4.
Elatine. *Dill.* g. 116, tab. 6.
Antirrhinum. *Ludw. gen.* 331. *Hall.* 1, p. 144. *Gaert.* 1, p. 248, t. 53, f. 7. *Lam.* pl. 531. *Mirb.* 9, p. 10. *Boiss.* 5.e liv. p. et pl. 423.

56. APHANES, *PERCEPIER. Lin.* g. 223.
Syst. des plant. 1, pag. 219.
Pié de lion. *Tourn.* 408, pl. 289.
Alchimilla. *Tourn.* 508, tab. 289.
Percepier. *Dill.* gen. 94, tab. 3.
Alchimilla. *Ludw. gen.* 958.
Alchemilla. *Hall.* 2, p. 262.
Aphanes. *Gaert.* 1, p. 346, tab. 73, f. 2. *Lam.* pl. 87. *Juss* pag. 337. *Vent.* 3, p. 344, pl. 21, f. 1.

57. APHYLLANTHES, *APHYLLANTHE. L.* gen. 556.
Syst. des plant. 2, pag. 23.
Aphyllanthes. *Tourn.* 657, tab. 430. *Ludw.* gen. 913. *Lam.* pl. 252. *Boiss.* 12.e liv. p. et pl. 244. *Juss.* p. 44. *Vent.* 2, p. 151, pl. 4, f. 2.

58. APIUM, *ACHE. Lin.* gen. 499.
Syst. des plant. 1, pag. 496.
Persil. *Tourn.* 254, pl. 160.
Apium. *Tourn.* 305, tab. 160. *Ludw.* gen. 878. *Hall.* 1, p. 348. *Gaert.* 1, p. 99, tab. 22, f. 9. *Lam.* pl. 196. *Juss.* p. 219. *Vent.* 3, p. 10, pl. 13, f. 4.

59. APOCYNUM, *APOCYN. Lin.* gen. 426.
Syst. des plant. 1, pag. 408.
Apocin. *Tourn.* 77, pl. 20 et 21.

Apocynum. *Tourn.* 91, t. 20 et 21.
Ludw. gen. 148. *Lam.* pl. 176.
Juss. p. 146. *Vent.* 2, p. 428, pl.
11, f. 1.

60. AQUILEGIA, *ANCOLIE. Lin. gen.* 934.
Syst. des plant. 2, pag. 429.
Ancolie. *Tourn.* 339, pl. 242.
Aquilegia. *Tourn.* 428, tab. 242.
Ludw. gen. 942. *Hall.* 2, pag. 88.
Mill. 323, tab. 49. *Gaert.* 2, p. 175,
tab. 118, f. 3. *Lam.* pl. 488. *Juss.*
p. 234. *Vent.* 3, p. 62, pl. 13, f. 5.

61. ARABIS, *ARABETTE. Lin. gen.* 1094.
Syst. des plant. 3, pag. 189.
{ Giroflier. *Tourn.* 189, pl. 107.
{ Turritis. *Tourn.* 190.
{ Leucoium. *Tourn.* 220, tab. 107.
{ Turritis. *Tourn.* 223, tab. 108.
Arabis. *Ludw. gen.* 539. *Hall.* 1,
p. 196. *Lam.* pl. 563. *Boiss.* 5.e liv.
p. et pl. 455. *Juss.* p. 238. *Vent.* 3,
p. 102, pl. 15, f. 2.

62. ARBUTUS, *ARBOUSIER. Lin. g.* 750.
Syst. des plant. 2, pag. 211.
{ Arbousier. *Tourn.* 471, pl. 368.
{ Uva-Ursi. *Tourn.* 472, pl. 370.
{ Airelle. *Tourn.* 480, pl. 377.
{ Arbutus. *Tourn.* 598, tab. 368.
{ Uva-Ursi. *Tourn.* 599, tab. 370.
{ Vitis Idea. *Tourn.* 607, tab. 377.
{ Arbutus. *Duham.* 1, p. 71.
{ Uva-Ursi. *Duham.* 2, p. 371.
Arbutus. *Hall.* 1, p. 434. *Ludw. g.*
200. *Gaert.* 1, p. 284, tab. 59, f. 4.
Lam. pl. 366. *Juss.* p. 160. *Vent.* 2,
p. 461, pl. 12, f. 1.

63. ARCTIUM, *BARDANE. Lin. gen.* 1253.
Syst. des plant. 3, pag. 457.
{ Bardane. *Tourn.* 356, pl. 256.
{ Cirsium. *Tourn.* 354, pl. 255.
{ Lappa. *Tourn.* 450, tab. 256.
{ Cirsium. *Tourn.* 447, tab. 255.
Lappa. *Vail.* 1718, p. 154, gen. 3.
Ludw. gen. 414. *Hall.* 1, pag. 70.
Gaert. 2, p. 379, tab. 162, f. 3.
{ Arctium. *Lam.* pl. 664.
{ Lappa. *Lam.* pl. 665.
{ Lappa. *Mirb.* 10, p. 122.
{ Arctium. *Mirb.* 10, p. 140.

Arctium. *Juss.* p. 172. *Vent.* 2, p.
500, pl. 12, f. 4.

64. ARENARIA, *SABLIÈRE. Lin. gen.* 774.
Syst. des plant. 2, pag. 247.
Morgeline. *Tourn.* 208, pl. 126.
Alsine. *Tourn.* 242, t. 126. *Ludw.
gen.* 753. *Hall.* 1, p. 382.
Arenaria. *Gaert.* 2, p. 232, t. 130,
f. 7. *Lam.* pl. 378. *Boiss.* 2.e liv.
p. et pl. 318. *Juss.* p. 301. *Vent.* 3,
p. 243, pl. 17, f. 2.

65. ARETIA, *ARETIE. Lin. gen.* 256.
Syst. des plant. 1, pag. 268.
Androsace. *Lam.* pl. 98, f. 3 et 4.
Aretia. *Ludw. gen.* 74. *Hall.* 1, p.
273. *Juss.* p. 96. *Vent.* 2, p. 289,
pl. 8, f. 2.

66. ARGEMONE, *ARGEMONE. L. g.* 882.
Syst. des plant. 2, pag. 395.
Argemone. *Tourn.* 204, pl. 121.
Argemone. *Tourn.* 239, tab. 121.
Ludw. gen. 582. *Gaert.* 1, p. 287,
tab. 60, f. 2. *Lam.* pl. 452. *Mirb.*
11, pag. 218. *Juss.* p. 236. *Vent.* 3,
p. 90, pl. 15, fig. 1.

67. ARISTOLOCHIA, *ARISTOLOCHE. Lin.
gen.* 1383.
Syst. des plant. 4, pag. 36.
Aristoloche. *Tourn.* 132, pl. 71.
Aristolochia. *Tourn.* 162, tab. 71.
Ludw. gen. 370. *Hall.* 1, p. 440.
Gaert. 4, p. 45, tab. 14, f. 4. *Lam.*
pl. 733. *Mill.* 378, tab. 75. *Mirb.* 7,
p. 203. *Juss.* p. 73. *Vent.* 2, p. 226,
pl. 6, f. 2.

68. ARNICA, *ARNIQUE. Lin. gen.* 1296.
Syst. des plant. 3, pag. 553.
Doronic. *Tourn.* 388, pl. 277.
Doronicum. *Tourn.* 487, tab. 277.
Arnica. *Ludw. gen.* 460. *Hall.* 1,
p. 37. *Gaert.* 2, p. 451, tab. 173,
f. 1. *Lam.* pl. 679, f. 4. *Juss.* pag.
182. *Vent.* 2, p. 544, pl. 12, f. 5.

69. ARTEMISIA, *ARMOISE. Lin. g.* 1281.
Syst. des plant. 3, pag. 500.
{ Armoise. *Tourn.* 364, pl. 260.
{ Aurone. *Tourn.* 364.
{ Absinte. *Tourn.* 362, pl. 260.
Artemisia.

B

10.ᵉ liv. p. et pl. 535. *Juss.* p. 172.
Vent. 2, p. 494, pl. 12, f. 4.

85. ATRAGENE, *ATRAGENE*. *Lin. g.* 949.
Syst. des plant. 2, pag. 444.
Clematite. *Tourn.* 243, pl. 150.
Clematitis. *Tourn.* 293, tab. 150.
Atragene. *Ludw. gen.* 946. *Hall.* 2,
p. 60. *Gaert.* 1, p. 356, t. 74, f. 8.
Boiss. 4.ᵉ liv. p. et pl. 376. *Juss.*
p. 232. *Vent.* 3, p. 55, pl. 13, f. 5.

86. ATRIPLEX, *ARROCHE*. *Lin. gen.* 1577.
Syst. des plant. 4, pag. 268.
Arroche. *Tourn.* 405, pl. 286.
Atriplex. *Tourn.* 505, tab. 286.
Duham. 1, p. 85. *Ludw. gen.* 971.
Hall. 2, p. 289. *Gaert.* 1, p. 361,
tab. 75, f. 8. *Lam.* pl. 853. *Mirb.*
8, p. 34 et 59. *Juss.* p. 85. *Vent.* 2,
p. 259, pl. 7, f. 3.

87. ATROPA, *ATROPE*. *Lin. gen.* 335.
Syst. des plant. 1, pag. 339.
{ Belladona. *Tourn.* 68, pl. 13.
{ Mandragore. *Tourn.* 67, pl. 12.
{ Belladona. *Tourn.* 77, tab. 13.
{ Mandragora. *Tourn.* 76, tab. 12.
{ Mandragora. *Ludw. gen.* 131.
{ Belladona. *Ludw. gen.* 132.
Belladona. *Duham.* 1, p. 95.
{ Mandragora. *Hall.* 1, p. 250.
{ Belladona. *Hall.* 1, p. 250.
{ Atropa. *Gaert.* 2, p. 240, t. 131,
   fig. 5.
{ Mandragora. *Gaert.* 2, p. 236,
   tab. 131, fig. 1.
{ Nicandra. *Gaert.* 2, p. 237, tab.
   131, fig. 2.
{ Mandragora. *Vent.* 2, p. 370, pl.
   9, fig. 5.
{ Atropa. *Vent.* 2, p. 371, pl. 9,
   fig. 5.
{ Nicandra. *Vent.* 2, p. 372, pl. 9,
   fig. 5.
Atropa, }
Atropos. } *Mirb.* 9, pag. 50 et 64.
{ Mandragora. *Juss.* pag. 125.
{ Atropa. *Juss.* pag. 125.
Atropa. *Lam.* pl. 114. *Boiss.* 3.ᵉ liv.
pag. et pl. 145.

88. AVENA, *AVOINE*. *Lin. gen.* 122.
Syst. des plant. 1, pag. 134.
Aveine. *Tourn.* 415, pl. 297.
Avena. *Tourn.* 514, t. 297. *Ludw.
gen.* 1046. *Hall.* 2, pag. 227. *Mill.*
241, tab. 7. *Lam.* pl. 47. *Mirb.* 6,
pag. 39 et 62. *Juss.* p. 31. *Vent.* 2,
p. 109, pl. 3, f. 3.
Gramen avenaceum. *Dill.* gen. pag.
89, tab. 2.

89. AZALEA, *AZALÉE*. *Lin. gen.* 277.
Syst. des plant. 1, pag. 286.
Chamærhododendros. *Tourn.* 475,
pl. 373.
Chamærhododendros. *Tourn.* 604,
tab. 373.
Azalea. *Duham.* 1, p. 87. *Ludw.
gen.* 109. *Hall.* 1, pag. 296. *Gaert.*
1, p. 301, t. 63, f. 1. *Lam.* pl. 110.
Boiss. 7.ᵉ liv. p. et pl. 129. *Juss.*
p. 158. *Vent.* 2, p. 454, pl. 11, f. 4.

B

90. BALLOTA, *BALLOTE*. *Lin. gen.* 975.
Syst. des plant. 3, pag. 43.
Marrube noir. *Tourn.* 153, pl. 85.
Ballote. *Tourn.* 184, t. 85. *Ludw.
gen.* 284. *Hall.* 1, pag. 114.
Ballota. *Lam.* pl. 508. *Boiss.* 1.ʳᵉ
liv. p. et pl. 399. *Mirb.* 8, p. 295.
Juss. p. 114. *Vent.* 2, p. 339, pl.
9, fig. 3

91. BARTRAMIA, *BARTRAMIE*. *Lin. g.*
1654.
Bryum. *Dill.* gen. p. 85, t. 2. — Musc.
p. 6, gen. 11, t. 44. *Hall.* 3, p. 43.
Bartramia. *Hedw.* musc. 2, p. 111,
tab. 40. *Brid.* 1, p. 174, t. 4, f. 29.
Swartz, pag. 73, gen. 22.

92. BARTSIA, *BARTSIE*. *Lin. gen.* 996.
Syst. des plant. 3, pag. 74.
Pédiculaire. *Tourn.* 140, pl. 77.
Pedicularis. *Tourn.* 171, tab. 77.
Stæhelina. *Hall.* 1, pag. 136.
Rhinanthus. *Lam.* pl. 517. *Vent.* 2,
pag. 300, pl. 8, fig. 4.
Bartsia. *Ludw. gen.* 327. *Boiss.* 4.ᵉ
liv. p. et pl. 410. *Juss.* pag. 100.

93. BELLIS, *PAQUERETTE. Lin. g.* 1300.
Syst. des plant. 3 , pag. 558.
Paqueréte. *Tourn.* 392 , pl. 280.
Bellis. *Tourn.* 490 , tab. 280. *Vaill.*
1720, p. 278, g. 1, pl. 9, f. 16 et 20.
Ludw. gen. 447. *Hall.* 1, pag. 39.
Gaert. 2, p. 419, t. 168, f. 1. *Lam.*
pl. 677. *Boiss.* 11.ᵉ liv. p. et pl. 559.
Juss p. 183. *Vent.* 2, p. 548, pl. 12,
fig. 5.
Bel. Leucanthemum. *Mich.* 34, t. 29.
94. BERBERIS, *EPINE-VINETTE. Lin.*
gen. 595.
Syst. des plant. 2 , pag. 73.
Epine-Vinette. *Tourn.* 487, pl. 385.
Berberis. *Tourn.* 614 , t. 385. *Duh.*
1, p. 97. *Ludw. gen.* 915. *Hall.* 1,
p. 369. *Gaert.* 1, p. 200, t. 40, f. 6.
Lam. pl. 253. *Boiss.* 1.ʳᵉ liv. pag. et
pl. 263. *Batsch*, 1, fasc. 1, p. 47,
t. 6, f. 10. *Murb.* 12, p. 240. *Juss.*
pag. 286. *Vent.* 3, pag. 84, pl. 14,
fig. 4.
95. BETA, *BETTE. Lin. gen.* 436.
Syst. des plant. 1, pag. 419.
Poirée. *Tourn.* 403, pl. 286.
Beta. *Tourn.* 501, tab. 286. *Ludw.*
gen. 974. *Gaert.* 1, p. 359, tab. 75,
fig. 5. *Lam.* pl. 182. *Juss.* pag. 85.
Vent. 2, p. 258, pl. 7, fig. 3.
96. BETONICA, *BÉTOINE. Lin. gen.* 973.
Syst. des plant. 3, pag. 39.
Bétoine. *Tourn.* 171, pl 96.
Betonica. *Tourn.* 202, t. 96. *Ludw.*
gen. 283. *Hall.* 1, p. 114. *Lam.* pl.
507. *Boiss.* 11.ᵉ liv. pag. et pl 397.
Juss. p. 114. *Vent.* 2, p. 338, pl.
9, fig. 3.
97. BETULA, *BOULEAU. Lin. gen.* 1419.
Syst. des plant. 4, pag. 97.
{ Bouleau. *Tourn.* 460, pl. 360.
{ Aune. *Tourn.* 459, pl. 359.
{ Betula. *Tourn.* 588, tab. 360.
{ Alnus. *Tourn.* 587, tab. 359.
{ Betula. *Duham.* 1, pag. 99.
{ Alnus. *Duham.* 1, pag. 41.
{ Betula. *Vent.* 3, p. 559, pl. 24, f. 1.
{ Alnus. *Vent.* 3, p. 561, pl. 24, f. 1.
Alnus. *Gaert.* 2, p. 54, t. 90, f. 2.

Betula. *Ludw. gen.* 1108. *Hall.* 1,
pag. 298. *Lam.* pl. 760. *Boiss.* 8.ᵉ
liv. p. et pl. 600. *Juss.* pag. 409.
98. BIDENS, *BIDENT. Lin. gen.* 1267.
Syst. des plant. 3, pag. 479.
Bidens. *Tourn.* 367, pl. 262.
Bidens. *Tourn.* 462, t. 262. *Ludw.*
gen. 472. *Hall.* 1, p. 50. *Gaert.* 2,
p. 412, t. 167, f. 7. *Lam.* pl. 668.
Boiss. 2.ᵉ liv. p. et pl. 537. *Juss.*
p. 188. *Vent.* 2, p. 527, pl. 12, f. 5.
Ceratocephalus. *Vaill.* 1720, p. 323,
gen. 6, pl. 9, fig. 47, ou 48, ou 49.
99. BISCUTELLA, *BISCUTELLE. L. g.* 1084.
Syst. des plant. 3, pag. 170.
Thlaspidium. *Tourn.* 183, pl. 101.
Thlaspidium. *Tourn.* 214, tab. 101.
Biscutella. *Ludw. gen.* 545. *Hall.* 1,
p. 216. *Gaert.* 2, p. 278, tab. 141,
f. 1. *Lam.* pl. 560. *Boiss.* 5.ᵉ liv. p.
et pl. 447. *Juss.* pag. 239. *Vent.* 3,
p. 107, pl. 15, fig. 2.
100. BISSERULA, *BISSERULE. L. g.* 1209.
Syst. des plant. 3, pag. 365.
Pelecinus. *Tourn.* 331, pl. 234.
Pelecinus. *Tourn.* 417, tab. 234.
Ludw. gen. 654.
Bisserula. *Gaert.* 2, p. 340, t. 154,
f. 3. *Lam.* pl. 622. *Juss.* pag. 358.
Vent. 3, p. 411, pl. 22, f. 1.
101. BLASIA, *BLASIE. Lin. gen.* 1665.
Syst. des plant. 4, pag. 374.
Mnium. *Ludw. gen.* 1211.
Blasia. *Mich.* 14, tab. 7. *Hall.* 3,
p. 57. *Lam.* pl. 877. *Murb.* 4, p. 169
et 193. *Juss.* p. 8. *Vent.* 2, p. 38,
pl. 1, fig. 6.
102. BLITUM, *BLÉTE. Lin. gen.* 18.
Syst. des plant. 1, pag. 12.
Morocarpus. *Ludw. gen.* 951.
Blitum. *Mill.* 231, tab. 2. *Gaert.* 2,
p. 200, t. 126, f. 7. *Hall.* 2, p. 263.
Lam. pl. 5. *Murb.* 8, pag. 34 et 62.
Boiss. 12.ᵉ liv. pag. et pl. 5. *Juss.*
p. 86. *Vent.* 2, p. 260, pl. 7, f. 3.
103. BOLETUS, *BOLET. Lin. gen.* 1675.
Syst. des plant. 4, pag. 412.
Agaric. *Tourn.* 441, pl. 330.
Agaricus. *Tourn.* 562, tab. 330.

Syst. des plant. 1, pag. 474.
Persil. *Tourn.* 254, pl. 160.
Apium. *Tourn.* 305, tab. 160.
Bubon. *Ludw. gen.* 869. *Gaert.* 1,
p. 102, tab. 23, f. 2. *Lam.* pl. 194.
Juss. pag. 221. *Vent.* 3, pag. 19,
pl. 13, fig. 4.

111. BUFFONIA, *BUFFONE. Lin. g.* 225.
Syst. des plant. 1, pag. 220.
Buffonia. *Gaert.* 2, p. 220, t. 129,
f. 1. *Ludw. gen.* 508. *Lam.* pl. 87.
Juss. p. 300. *Vent.* 3, p. 238, pl.
17, fig. 2.

112. BULBOCODIUM, *BULBOCODE. Lin.
gen.* 555.
Syst. des plant. 2, pag. 22.
Colchique. *Tourn.* 288, pl. 181
et 182.
Colchicum. *Tourn.* 348, tab. 181
et 182.
Celsia. *Ludw. gen.* 914.
Bulbocodium. *Lam.* pl. 230. *Juss.*
p. 54. *Vent.* 2, p. 174, pl. 4, f. 4.

113. BUNIAS, *BUNIAS. Lin. gen.* 1070.
Syst. des plant. 3, pag. 201.
{ Erucago. *Tourn.* 199, pl. 103.
{ Crambe. *Tourn.* 180, pl. 100.
{ Erucago. *Tourn.* 232, tab. 103.
{ Crambe. *Tourn.* 211, tab. 100.
{ Kakile. *Tourn.* cor. 49, tab. 483.
{ Bunias. *Vent.* 3, p. 114, pl. 15, f. 2.
{ Erucago. *Vent.* 3, p. 114, pl. 15, f. 2.
{ Kakile. *Vent.* 3. p. 114, pl. 15, f. 2.
Erucago. *Ludw. gen.* 555.
Kakile. *Lam.* pl. 554.
Bunias. *Gaert.* 2, p. 289, tab. 142,
f. 2. *Hall.* 1, p. 226. *Juss.* p. 241.
Boiss. 7.e liv. p. et pl. 460.

114. BUNIUM, *TERRE-NOIX. Lin. g.* 468.
Syst. des plant. 1, pag. 454.
Terre-Noix. *Tourn.* 256, pl. 161.
Bulbocastanum. *Tourn.* 307, t. 161.
Hall. 1, pag. 348.
Bunium. *Ludw. gen.* 868. *Gaert.* 2,
p. 273, t. 140, f. 2. *Lam.* pl. 197.
Juss. pag. 223. *Vent.* 3, p. 30, pl.
13, fig. 4.

115. BUPHTHALMUM, *BUPHTHALME. Lin.
gen.* 1321.

Syst. des plant. 3, pag. 588.
Asterique. *Tourn.* 398, pl. 283.
Astericus. *Tourn.* 497, tab. 283.
{ Astericus. *Vaill.* 1720, pag. 331,
   gen. 2, pl. 9, fig. 38.
{ Asteroides. *Vaill.* 1720, pag. 323,
   gen. 4.
Buphthalmus. *Ludw. gen.* 469.
Buphthalmum. *Hall.* 1, p. 49. *Gaert.*
2, p. 434, t. 169, f. 5. *Lam.* pl. 682.
Boiss. 9.e liv. p. et pl. 567. *Juss.* p.
186. *Vent.* 2, p. 521, pl. 12, fig. 5.

116. BUPLEVRUM, *BUPLÈVRE. L. g.* 460.
Syst. des plant. 1, pag. 442.
Percefeuille. *Tourn.* 259, pl. 163.
Buplevrum. *Tourn.* 309, tab. 163.
Ludw. gen. 867. *Duham.* 1, p. 109.
Hall. 1, p. 342. *Gaert.* 1, pag. 97,
t. 22, f. 7. *Lam.* pl. 189. *Boiss.* 4.e
liv. pag. et pl. 182. *Juss.* pag. 224.
Vent. 3, p. 33, pl. 13, fig. 4.

117. BUTOMUS, *BUTOME. Lin. gen.* 693.
Syst. des plant. 2, pag. 162.
Jonc fleuri. *Tourn.* 235, pl. 143.
Butomus. *Tourn.* 271, tab. 143.
Ludw. gen. 505. *Hall.* 2, pag. 80.
Mill. 288, tab. 31. *Gaert.* 1, p. 74,
t. 19, f. 3. *Lam.* pl. 324. *Juss.* pag.
46. *Vent.* 2, p. 158, pl. 4, f. 3.

118. BUXBAUMIA, *BUXBAUME. L. g.* 1659.
Syst. des plant. 4, pag. 351.
Buxbaumia. *Hall.* 3, p. 25. *Lam.*
pl. 872. *Juss.* pag. 12. *Lin.* Amœn.
acad. 5, p. 78, t. 1. *Vent.* 2, p. 49,
pl. 2, f. 1. *Brid.* 1, p. 175, tab. 4,
f. 31. *Hedw.* fund. 2, p. 95, tab. 9,
f. 51 et 52. *Swartz*, p. 74, g. 23.

119. BUXUS, *BUIS. Lin. gen.* 1420.
Syst. des plant. 4, pag. 99.
Bouis ou Buis. *Tourn.* 449, pl. 345.
Buxus. *Tourn.* 578, t. 345. *Ludw.
gen.* 1110. *Duham.* 1, p. 115. *Hall.*
2, p. 283. *Gaert.* 2, p. 125, t. 108,
f. 6. *Lam.* pl. 761. *Mirb.* 14, pag.
138. *Boiss.* 10.e liv. pag. et pl. 601.
Juss. pag. 388. *Vent.* 3, pag. 491,
pl. 22, fig. 4.

120. BYSSUS, *BYSSE. Lin. gen.* 1673.
Syst. des plant. 4, pag. 407.

Byssus. *Mich.* p. 210, tab. 89 et 90.
Dill. musc. 1, g. 1, t. 1. *Gledit.* 17,
g. 1, t. 1. *Ludw. gen.* 1237. *Hall.* 3,
p. 105. *Lam.* pl. 881. *Mirb.* 4, pag.
141 et 165. *Juss.* pag. 6.
  { Byssus. *Vent.* 2, p. 32, pl. 1, f. 5.
  { Conia. *Vent.* 2, p. 32, pl. 1, f. 5.

C

121. CACALIA, *CACALIE. Lin. gen.* 1269.
Syst. des plant. 3, pag. 481.
Cacalia. *Tourn.* 358, pl. 258.
Cacalia. *Tourn.* 451, tab. 258.
  { Cacalia. *Vaill.* 1719, p. 306, g. 7.
  { Porophyllum. *Vaill.* 1719, p. 308,
     gen. 9, pl. 20, fig. 39.
Cacalia. *Ludw. gen.* 398. *Hall.* 1,
p. 60. *Gaert.* 2, p. 400, t. 166, f. 1.
Lam. pl. 673. *Juss.* p. 178. *Vent.* 2,
p. 510, pl. 12, fig. 5.
122. CACHRYS, *ARMARINTE. Lin. g.* 474.
Syst. des plant. 1, pag. 461.
Armarinte. *Tourn.* 275, pl. 172.
Cachrys. *Tourn.* 325, t. 172. *Ludw.*
gen. 870. *Gaert.* 2, p. 274, t. 140,
f. 3. *Lam.* pl. 205. *Juss.* pag. 223.
Vent. 3, p. 26, pl. 13, fig. 4.
123. CALENDULA, *SOUCI. Lin. gen.* 1339.
Syst. des plant. 3, pag. 618.
Souci. *Tourn.* 399, pl. 284.
Caltha. *Tourn.* 498, tab. 284.
  { Caltha. *Vaill.* 1720, p. 288, g. 5,
  {   pl. 9, fig. 26 ou 27.
  { Dimorphotheca. *Vaill.* 1720, pag.
     279, g. 2, pl. 9, fig. 21 et 22.
Calendula. *Ludw. gen.* 448. *Hall.* 1,
p. 39. *Mill.* 364, t. 69. *Gaert.* 2, p.
421, tab. 168, f. 4. *Lam.* pl. 715.
Boiss. 3.e liv. pag. et pl. 570. *Juss.*
p. 183. *Vent.* 2, p. 545, pl. 12, f. 5.
124. CALLA, *CALLE. Lin. gen.* 1388.
Syst. des plant. 4, pag. 51.
Calla. *Ludw. gen.* 1020. *Gaert.* 2,
p. 20, tab. 84, f. 2. *Lam.* pl. 739.
Juss. p. 24. *Vent.* 2, p. 85, pl. 2,
fig. 4.
125. CALLITRICHE, *CALLITRICHE. Lin.*
gen. 17.

Syst. des plant. 1, pag. 11.
Stellaria. *Dill.* g. 119, t. 6. *Ludw.*
gen. 481. *Hall.* 1, pag. 238.
Callitriche. *Gaert.* 1, p. 330, t. 68,
f. 4. *Lam.* pl. 5. *Juss.* p. 19. *Vent.*
4, pag. 7.
126. CALTHA, *POPULAGE. Lin. gen.* 957.
Syst. des plant. 2, pag. 466.
Populago. *Tourn.* 237, pl. 145.
Populago. *Tourn.* 273, tab. 145.
Ludw. g. 811. *Hall.* 2, p. 82. *Gaert.*
2, p. 176, t. 118, f. 4. *Lam.* pl. 500.
Mirb 11, pag. 160 et 207. *Juss.* p.
234. *Vent.* 3, p. 64, pl. 13, fig. 5.
127. CAMPANULA, *CAMPANULE. L. g.* 290.
Syst. des plant. 1, pag. 303.
  { Campanule. *Tourn.* 90, pl. 37.
  { Medium. *Tourn.* 91, pl. 38.
Campanula. *Tourn.* 108, tab. 37.
Ludw. gen. 100. *Hall.* 1, pag. 305.
Gaert. 1, p. 153, t. 31, f. 2. *Lam.*
pl. 123. *Batsch,* 1, fasc. 2, p. 32,
t. 13, f. 25. *Mirb.* 10, p. 49. *Boiss.*
9.e liv. p. et pl. 135. *Juss.* pag. 164.
Vent. 2, p. 470, pl. 12, f. 2.
128. CAMPHOROSMA, *CAMPHRÉE. Lin.*
gen. 221.
Syst. des plant. 1, pag. 217.
Camphorata. *Dill.* gen. 151, tba. 9.
Ludw. gen. 960.
Camphorosma. *Lam.* pl. 86. *Juss.*
p. 84. *Vent.* 2, p. 256, pl. 7, f. 3.
129. CAPPARIS, *CAPRIER. Lin. gen.* 876.
Syst. des plant. 2, pag. 385.
Câprier. *Tourn.* 228, pl. 139.
Capparis. *Tourn.* 261, tab. 139.
Ludw. gen. 593. *Hall.* 2, pag. 25.
Duham. 1, p. 119. *Lam.* pl. 446.
Mirb. 11, p. 310. *Boiss.* 9.e liv. p.
et pl. 358. *Juss.* pag. 243. *Vent.* 3,
p. 120, pl. 15, fig. 3.
130. CARDAMINE, *CARDAMINE. L. g.* 1088.
Syst. des plant. 3, pag. 174.
Cardamine. *Tourn.* 191, pl. 109.
Cardamine. *Tourn.* 224, tab. 109.
Ludw. gen. 540. *Hall.* 1, pag. 205.
Gaert. 2, p. 294, t. 143, f. 1. *Lam.*
pl. 562. *Juss.* p. 239. *Vent.* 3, pag.
105, pl. 15, fig. 2.

131. CARDUUS, *CHARDON*. *Lin. g.* 1254.
Syst. des plant. 3 , pag. 462.

{ Chardon. *Tourn.* 349, pl. 253.
Cirsium. *Tourn.* 334, pl. 255.
Jacée. *Tourn.* 352 , pl. 254.
Cnicus. *Tourn.* 356, pl. 257.

{ Carduus. *Tourn.* 440, tab. 253.
Cirsium. *Tourn.* 447, tab. 255.
Jarea. *Tourn.* 443, tab. 254.
Cnicus. *Tourn.* 450, tab. 257.

{ Carduus. *Vaill.* 1718, p 153, g. 2.
Polyacantha. *Vaill.* 1718, p. 156,
gen. 2, pl. 5, fig. 46 et 54.
Silybum. *Vaill.* 1718, p. 172, g. 4.
Cirsium. *Vaill.* 1718, p. 157, g. 3.
Eriocephalus. *Vaill.* 1718, p. 160,
gen. 4, pl. 5, fig. 28.

{ Carduus. *Gaert.* 2, p. 377, t. 162,
fig. 1.
Silybum. *Gaert.* 2, p. 378, t. 162,
fig. 2.
Cirsium. *Gaert.* 2, p. 383, t. 163,
fig. 2.

{ Carduus. *Vent.* 2, p. 499, pl. 12,
fig. 4.
Cirsium. *Vent.* 2, p. 499, pl. 12,
fig. 4.

{ Carduus. *Hall.* 1, pag. 71.
Cirsium. *Hall.* 1, pag. 73.
Silyhum. *Hall.* 1, pag. 78.

Carduus. *Ludw. gen.* 409. *Lam.* pl.
663. *Mirb.* 10, p. 122 et 135. *Juss.*
pag. 173.

132. CAREX, *LAICHE*. *Lin. gen.* 1407.
Syst. des plant. 4, pag. 80.
Cyperoides. *Tourn.* 420, pl. 300.
Cyperoides. *Tourn.* 529, tab. 300.

{ Cyperoides. *Mich.* 55, tab. 32.
Carex. *Mich.* 66, tab. 33.

Carex. *Gaert.* 1, p. 12, tab. 2, f. 6.
Dill. gen. pag. 165, t. 14. *Ludw. g.*
1095. *Hall.* 2, pag. 182. *Lam.* pl.
752. *Juss.* pag. 26. *Vent.* 2, p. 91,
pl. 3, fig. 2.

133. CARLINA, *CARLINE*. *Lin. gen.* 1258.
Syst. des plant. 3, pag. 472.
Carline. *Tourn.* 400, pl. 285.
Carlina. *Tourn.* 500, t. 285. *Vaill.*
1718, p. 172, g. 5. *Ludw. gen.* 417.

Hall. 1, p. 79. *Gaert.* 2, p. 384,
t. 163, f. 1. *Lam.* pl. 662 *Boiss.*
10.ᵉ liv. p. et pl. 534. *Juss.* p. 172.
Vent. 2, p. 497, pl. 12, fig. 4.

134. CARPESIUM, *CARPESE*. *Lin. g.* 1284.
Syst. des plant. 3, pag. 518.
Carpesium. *Ludw. gen.* 388. *Gaert.*
2, p. 387, tab. 164, f. 4. *Lam.* pl.
696. *Juss.* p. 184. *Vent.* 2, p. 550,
pl. 12, fig. 5.

135. CARPINUS, *CHARME*. *Lin. gen.* 1449.
Syst. des plant. 4, pag. 131.
Charme. *Tourn.* 453, pl. 348.
Carpinus. *Tourn.* 582, tab. 348.
Ostrya. *Mich.* 223, tab. 104.
Carpinus. *Ludw. gen.* 1120. *Hall.*
2, p. 298. *Duham.* 1, p. 127. *Gaert.*
2, p. 52, t. 89, f. 2. *Lam.* pl. 780.
Juss. pag. 409. *Vent.* 3, p. 565, pl.
24, fig. 1.

136. CARTHAMUS, *CARTHAME*. *L. g.* 1261.
Syst. des plant. 3, pag. 475.

{ Cartame. *Tourn.* 357, pl. 258.
Cnicus. *Tourn.* 356, pl. 257.

{ Cathamus. *Tourn.* 457, tab. 258.
Cnicus. *Tourn.* 450, tab. 257.

{ Carthamus. *Vaill.* 1718, p. 170,
gen. 1, pl. 5, fig. 53.
Atractylis. *Vaill.* 1718, p. 170,
gen. 2.
Carthamoïdes. *Vaill.* 1718, pag.
171, gen. 3.

{ Carthamus. *Gaert.* 2, p. 375, tab.
161, fig. 2.
Onobroma. *Gaert.* 2, p. 380, tab.
160, fig. 7.

Atractylis. *Ludw. gen.* 416. *Hall.* 1,
pag. 83.
Carthamus. *Lam.* pl. 661. *Mirb.* 10,
p. 122. *Juss.* p. 172. *Vent.* 2, pag.
496, pl. 12, fig. 4.

137. CARUM, *CARVI*. *Lin. gen.* 497.
Syst. des plant. 1, pag. 492.
Carvi. *Tourn.* 255, pl. 160.
Carvi. *Tourn.* 306, tab. 160.
Carum. *Ludw. gen.* 854. *Hall.* 1,
p. 351. *Gaert.* 1, p. 106, t. 23, f. 7.
Boiss. 6.ᵉ liv. pag. et pl. 216. *Juss.*
p. 219. *Vent.* 3, p. 10, pl. 13, f. 4.

138.

138. CATANANCHE, *CUPIDONE. Lin. gen.* 1250.
Syst. des plant. 3, pag. 454.
Catanance. *Tourn.* 380, pl. 271.
Catanance. *Tourn.* 478, tab. 271. *Vaill.* 1721, p. 215, g. 4, pl. 7 et 8, fig. 56 et 11.
Catananche. *Ludw. gen.* 444. *Gaert.* 2, p. 356, t. 157, f. 5. *Lam.* pl. 638. *Boiss.* 9.e liv. p. et pl. 525. *Juss.* p. 171. *Vent.* 2, p. 492, pl. 12, f. 3.

139. CAUCALIS, *CAUCALIER. Lin. g.* 464.
Syst. des plant. 1, pag. 449.
Caucalis. *Tourn.* 273, pl. 171.
Caucalis. *Tourn.* 323, t. 171. *Ludw. gen.* 846. *Hall.* 1, p. 323. *Gaert.* 1, p. 81, tab. 20, f. 5. *Lam.* pl. 192. *Boiss.* 6.e liv. p. et pl. 185. *Juss.* p. 224. *Vent.* 3, p. 31, pl. 13, f. 4.

140. CELTIS, *MICOCOULIER. L. g.* 1591.
Syst. des plant. 4, pag. 277.
Micocoulier. *Tourn.* 485, pl. 383.
Celtis. *Tourn.* 612, tab. 383. *Ludw. gen.* 978. *Hall.* 2, p. 290. *Duham.* 1, p. 143. *Gaert.* 1, p. 374, tab. 77, f. 3. *Lam.* pl. 844. *Juss.* pag. 408. *Vent.* 3, p. 553, pl. 24, f. 1.

141. CENCHRUS, *RACLE. Lin. gen.* 1574.
Syst. des plant. 4, pag. 260.
Panicastrella. *Mich.* 36, tab. 31.
Tragus. *Hall.* 2, pag. 203.
{ Cenchrus. *Koel.* 378, g. 38, t. 39.
Tragus. *Koel.* 379, g. 39, t. 40.
Cenchrus. *Ludw. gen.* 1063. *Gaert.* 2, p. 4, t. 80, bg. 3. *Lam.* pl. 838. *Juss.* p. 30. *Vent.* 2, p. 102, pl. 3, fig. 3.

142. CENTAUREA, *CENTAURÉE. Lin. g.* 1331.
Syst. des plant. 3, pag. 599.
{ Grande Centaurée. *Tourn.* 355, pl. 256.
Jacée. *Tourn.* 352, pl. 254.
Bleuet. *Tourn.* 353, pl. 254.
Chardon. *Tourn.* 349, pl. 253.
Cnicus. *Tourn.* 356, pl. 257.
{ Centaurium majus. *Tourn.* 449, tab. 256.
Jacca. *Tourn.* 443, tab. 253.

{ Cyanus. *Tourn.* 445, tab. 254.
Carduus. *Tourn.* 440, tab. 253.
Cnicus. *Tourn.* 450, tab. 257.
{ Crupina. *Dill. gen.* p. 139, tab. 8.
Jacea. *Dill. gen.* p. 164, tab. 13.
{ Jacea. *Vaill.* 1718, p. 182, g. 1.
Cyanus. *Vaill.* 1718, p. 184, g. 2.
Calcitrapa. *Vaill.* 1718, p. 164, gen. 3.
Calcitrapoïdes. *Vaill.* 1718, pag. 167, gen. 4.
Rhaponticum. *Vaill.* 1718, p. 175, gen 2.
Rhaponticoïdes. *Vaill.* 1718, pag. 177, gen. 3.
Amberboï. *Vaill.* 1718, pag. 180, gen. 4.
Crocodilium. *Vaill.* 1718, p. 161, gen. 5.
Cnicus. *Vaill.* 1718, p. 163, g. 2.
{ Centaurium. *Hall.* 1, pag. 69.
Jacea. *Hall.* 1, pag. 80.
Cyanus. *Hall.* 1, pag. 80.
Calcitrapa. *Hall.* 1, pag. 83.
Rhaponticum. *Hall.* 1, pag. 84.
{ Cyanus. *Gaer.* 2, p. 382, t. 161, f. 4.
Calcitrapa. *Gaert.* 2, p. 376, tab. 163, fig. 2.
{ Crocodilium. *Juss.* pag. 173.
Calcitrapa. *Juss.* pag. 173.
Seridia. *Juss.* pag. 173.
Jacea. *Juss.* pag. 173.
Cyanus. *Juss.* pag. 174.
Rhaponticum. *Juss.* pag. 174.
Centaurea. *Juss.* pag. 174.
{ Crocodilium. *Vent.* 2, p. 500, pl. 12, fig. 4.
Calcitrapa. *Vent.* 2, p. 501, pl. 12, fig. 4.
Seridia. *Vent.* 2, p. 501, pl. 12, fig. 4.
Jacea. *Vent.* 2, p. 502, pl. 12, fig. 4.
Cyanus. *Vent.* 2, p. 503, pl. 12, fig. 4.
Rhaponticum. *Vent.* 2, pag. 504, pl. 12, fig. 4
Centaurea. *Vent.* 2, p. 504, pl. 12, fig. 4.

C

Centaurea. *Ludw. gen.* 479. *Lam.*
pl. 703. *Boiss.* 3.ᵉ liv. p. et pl. 569.

143. CENTUNCULUS, *CENTENILLE*. *Lin.*
gen. 189.
Syst. des plant. 1, pag. 200.
Anagallidastrum. *Mich.* 14, t. 18.
Centunculus. *Dill.* gen. p. 111, t. 5.
Ludw. gen. 19. *Gaert.* 2, p. 228,
t. 50, f. 2. *Lam.* pl. 83. *Juss.* p. 95.
Vent. 2, p. 286, pl. 8, f. 2.

144. CERASTIUM, *CÉRAISTE*. *Lin. g.* 797.
Syst. des plant. 2, pag. 270.
{ Oreille de souris. *Tourn.* 210,
    pl. 126.
{ Morgeline. *Tourn.* 208, pl. 126.
{ Myosotis. *Tourn.* 244, tab. 126.
{ Alsine. *Tourn.* 242, tab. 126.
Myosotis. *Hall.* 1, pag. 388.
Cerastium. *Ludw. gen.* 754. *Gaert.*
2, p. 231, t. 130, f. 6. *Lam.* pl. 392.
Boiss. 7.ᵉ liv. p. et pl. 326. *Juss.* p.
301. *Vent.* 3, p. 242, pl. 17, f. 2.

145. CERATONIA, *CAROUBIER*. *L. g.* 1612.
Syst. des plant. 4, pag. 298.
Carouge. *Tourn.* 449, pl. 344.
Siliqua. *Tourn.* 578, tab. 344.
Ceratonia. *Ludw. gen.* 984. *Gaert.*
2, p. 310, tab. 146, f. 2. *Lam.* pl.
859. *Juss.* p. 347. *Vent.* 3, p. 368,
pl. 22, fig. 1.

146. CERATOPHYLLUM, *CÉRATOPHYLLE*.
Lin. gen. 1439.
Syst. des plant. 4, pag. 118.
Hydroceratophyllon. *Vaill.* 1719,
pag. 16, gen. 4, pl. 2, fig. 2.
Dicotophyllon. *Dill.* g. p. 91, t. 3.
Ceratophyllum. *Ludw. gen.* 1117.
Hall. 2, p. 275. *Gaert.* 1, p. 212,
t. 44, f. 12. *Lam.* pl. 775. *Mirb.* 5,
p. 203. *Juss.* p. 18. *Vent.* 4, p. 5.

147. CERCIS, *GAINIER*. *Lin.* gen. 696.
Syst. des plant. 2, pag. 173.
Gainier. *Tourn.* 506, pl. 414.
Siliquastrum. *Tourn.* 646, tab. 414.
Ludw. gen. 816. *Duham.* 2, p. 263.
Cercis. *Gaert.* 2, p. 303, tab. 144,
f. 3. *Lam.* pl. 328. *Mirb.* 13, pag.
236. *Juss.* p. 351. *Vent.* 3, p. 381,
pl. 22, fig. 1.

148. CERINTHE, *MÉLINET*. *Lin. g.* 246.
Syst. des plant. 1, pag. 259.
Melinet. *Tourn.* 115, pl. 56.
Cerinthe. *Tourn.* 79, t. 56. *Ludw.*
gen. 61. *Hall.* 1, p. 267. *Lam.* pl.
93. *Mirb.* 9, p. 112. *Juss.* p. 130.
Vent. 2, p. 387, pl. 10, f. 1.

149. CHÆROPHYLLUM, *CERFEUIL*. *Lin.*
gen. 490.
Syst. des plant. 1, pag. 483.
{ Cerfueil. *Tourn.* 263, pl. 166.
{ Myrrhis. *Tourn.* 264, pl. 166.
{ Chærophyllum. *Tour.* 314, t. 166.
{ Myrrhis. *Tourn.* 315, tab. 166.
{ Chærophyllum. *Hall.* 1, p. 327.
{ Myrrhis. *Hall.* 1, pag. 329.
{ Chærophyllum. *Gaert.* 1, p. 107,
    tab. 23, fig. 9.
{ Myrrhis. *Gaert.* 1, p. 108, t. 23,
    fig. 10.
{ Chærophyllum. *Vent.* 3, pag. 14,
    pl. 13, fig. 4.
{ Myrrhis. *Vent.* 3, p. 15, pl. 13,
    fig. 4.
Chærophyllum. *Ludw. g.* 858. *Lam.*
pl. 201. *Juss.* pag. 220.

150. CHARA, *CHARAGNE*. *Lin. g.* 1397.
Syst. des plant. 4, pag. 71.
Hippuris. *Dill.* gen. p. 88, tab. 2.
Chara. *Ludw. gen.* 1183. *Vaill.*
1719, p. 17, g. 5, pl. 3. *Hall.* 3,
p. 3. *Gaert.* 2, p. 25, tab. 84, f. 8.
Lam. pl. 742. *Mirb.* 5, pag. 199.
Boiss. 8.ᵉ liv. p. et pl. 592. *Juss.*
p. 18. *Vent.* 2, p. 71, pl. 2, f. 2.

151. CHEIRANTHUS, *GIROFLIER*. *Lin. g.*
1091.
Syst. des plant. 3, pag. 183.
{ Giroflier. *Tourn.* 189, pl. 107.
{ Juliane ou Julienc. *Tourn.* 189,
    pl. 108.
{ Leucoium. *Tourn.* 220, tab. 107.
{ Hesperis. *Tourn.* 222, tab. 108.
Leucoium. *Hall.* 1, pag. 192.
Cheiranthus. *Ludw. gen.* 537. *Mill.*
336, tab. 55. *Gaert.* 2, p. 296, tab.
143, f. 3. *Lam.* pl. 564. *Mirb.* 11,
p. 252 et 267. *Juss.* p. 238. *Vent.* 3,
pag. 103, pl. 15, fig. 2.

152. CHELIDONIUM, *CHELIDOINE*. *Lin.* gen. 880.

Syst. des plant. 2, pag. 389.

Eclaire. *Tourn.* 197, pl. 116.
Glaucium. *Tourn.* 221, pl. 130.
Chelidonium. *Tourn.* 231, t. 116.
Glaucium. *Tourn.* 254, tab. 130.
Chelidonium. *Gaert.* 2, pag. 164, tab. 115, fig. 5.
Glaucium. *Gaert.* 2, p. 165, tab. 115, fig. 6.
Glaucium. *Vent.* 3, p. 92, pl. 15, fig. 1.
Chelidonium. *Vent.* 3, p. 92, pl. 15, fig. 1.
Chelidonium. *Ludw. g.* 585. *Hall.* 2, p. 13. *Lam.* pl. 450. *Mirb.* 11, p. 218 et 228. *Boiss.* 6.e liv. p. et pl. 360. *Juss.* pag. 236.

153. CHENOPODIUM, *CHENOPODE*. *Lin.* gen. 435.

Syst. des plant. 1, pag. 415.
Pate d'oie. *Tourn.* 406, pl. 288.
Chenopodium. *Tourn.* 506, t. 288. *Ludw.* gen. 972. *Hall.* 2, pag. 265. *Gaert.* 1, p. 360, t. 75, f. 6. *Lam.* pl. 181. *Juss.* p. 85. *Vent.* 2, pag. 259, pl. 7, fig. 3.

154. CHERLERIA, *CHERLERIE*. *L. g.* 775.
Syst. des plant. 2, pag. 250.
Cherleria. *Ludw.* gen. 755. *Lam.* pl. 379. *Hall.* 1, pag. 381. *Boiss.* 5.e liv. p. et pl. 319. *Juss.* pag 301. *Vent.* 3, p. 243, pl. 17, fig. 2.

155. CHLORA, *CHLORE*. *Lin. gen.* 653.
Syst. des plant. 2, pag. 117.
Petite centaurée. *Tourn.* 102, pl 48.
Centaurium minus. *Tour.* 122, t. 48.
Centaurium. *Ludw. gen.* 147.
Gentiana. *Hall.* 1, pag. 282.
Chlora. *Lam.* pl. 296. *Boiss.* 3.e liv. p. et pl. 281. *Juss.* pag. 142. *Vent.* 2, p. 415, pl. 10, fig. 5.

156. CHONDRILLA, *CHONDRILLE*. *Lin.* gen. 1235.
Syst. des plant. 3, pag. 430.
Condrile. *Tourn.* 377, pl. 268.
Chondrilla. *Tourn.* 475, tab. 268.
Vaill. 1721, pag. 194, g. 4, pl. 7,

f. 12. *Ludw* gen. 432. *Hall.* 1, p 8. *Gaert.* 2, p. 362, t. 158, 1.6. *Lam.* pl. 650. *Mirb.* 10, pag. 81. *Juss.* pag. 169. *Vent.* 2, p. 484, pl. 12, fig. 3.

157. CHRYSANTHEMUM, *CHRYSANTHÉME*. *Lin.* gen. 1307.

Syst. des plant. 3, pag. 564.

Chrysanthemum. *Tourn.* 392, pl. 280.
Marguerite. *Tourn.* 393.
Matricaire. *Tourn.* 394, pl. 281.
Chrysanthemum. *Tourn.* 491, tab. 280.
Leucanthemum. *Tourn.* 492.
Matricaria. *Tourn.* 493, tab. 281.
Bellidioides. *Vaill.* 1720, p. 280, gen. 3, pl. 9, f. 23 ou 31 et 17.
Parthenium. *Mich.* 34, tab. 29.
Matricaria. *Ludw.* gen. 449. *Hall.* 1, pag. 41. *Lam.* pl. 678.
Chrysanthemum. *Gaert.* 2, pag. 420, tab. 168, fig. 3.
Pyrethrum. *Gaert.* 2, pag. 430, tab. 169, fig. 1.
Chrysanthemum. *Mirb.* 10, p. 196. *Juss.* pag. 183. *Vent.* 2, pag. 546, pl. 12, fig. 5.

158. CHRYSOCOMA, *CHRYSOCOME*. *Lin.* gen. 1275.
Syst. des plant. 3, pag. 491.
Conise. *Tourn.* 360, pl. 259.
Conyza. *Tourn.* 454, tab. 259.
Chrysocome. *Dill.* gen. p. 167, t. 14.
Chrysocoma. *Ludw. g.* 405. *Hall.* 1, pag. 63. *Gaert.* 2, p. 403, t. 166, f. 11. *Lam.* pl. 698. *Boiss.* 9.e liv. p. et pl. 541. *Juss.* pag. 180. *Vent.* 2, p. 512, pl. 12, fig. 5.

159. CHRYSOSPLENIUM, *DORINE*. *Lin.* gen. 763.
Syst. des plant. 2, pag. 219.
Chrysosplenium. *Tourn.* 122, pl. 60.
Chrysosplenium. *Tourn.* 146, t. 60.
Ludw. gen. 993. *Hall.* 2, p. 253.
Gaert. 1, p. 208, t. 44, f. 7. *Lam.* pl. 374. *Boiss.* 5.e liv. p. et pl. 309.
Juss. pag. 309. *Vent.* 3, pag. 284, pl. 18, fig. 4.

160. CICER, *POIS-CHICHE. Lin. g.* 1189.
Syst. des plant. 3, pag. 328.
Pois chiche. *Tourn.* 309, pl. 210.
Cicer. *Tourn.* 389, tab. 210. *Ludw.
gen.* 622. *Hall.* 1, p. 174. *Gaert.* 2,
p. 236, t. 151, f. 2. *Lam.* pl. 632.
Juss. pag. 361. *Vent.* 3, pag. 420,
pl. 22, fig. 1.

161. CICHORIUM, *CHICORÉE. Lin. gen.*
1251.
Syst. des plant. 3, pag. 455.
Chicorée. *Tourn.* 381, pl. 272.
Cichorium. *Tourn.* 478, tab. 272.
Vaill. 1721, p. 216, gen. 5, pl. 7,
f. 9 et 10. *Ludw. gen.* 445. *Hall.* 1,
pag. 1. *Gaert.* 2, p. 357, tab. 157,
f. 6. *Lam.* pl. 658. *Juss.* pag. 171.
Vent. 2, p. 492, pl. 12, fig. 3.

162. CICUTA, *CIGUE. Lin. gen.* 486.
Syst. des plant. 1, pag. 478.
Berle. *Tourn.* 258, pl. 162.
Sium. *Tourn.* 308, tab. 162. *Ludw.
gen.* 875. *Hall.* 1, pag. 345.
Cicutaria. *Juss.* pag. 221. *Vent.* 3,
pag. 17, pl. 13, f. 4. *Lam.* pl. 195.

163. CINERARIA, *CINERAIRE. L. g.* 1294.
Syst. des plant. 3, pag. 545.
{ Aster. *Tourn.* 383, pl. 274.
{ Jacobée. *Tourn.* 386, pl. 276.
{ Aster. *Tourn.* 481, tab. 274.
{ Jacobæa. *Tourn.* 485, tab. 276.
Jacobæoides. *Vaill.* 1720, p. 300,
gen. 4.
Cineraria. *Gaert.* 2, p. 466, t. 170,
f. 2. *Lam.* pl. 675. *Juss.* pag. 181.
Vent. 2, p. 541, pl. 12, f. 5.

164. CIRCÆA, *CIRCEE. Lin. gen.* 31.
Syst. des plant. 1, pag. 23.
Circée. *Tourn.* 250, pl. 155.
Circæa. *Tourn.* 301, t. 155. *Ludw.
gen.* 482. *Hall.* 1, p. 362. *Gaert.* 1,
p. 114, tab. 24, f. 6. *Lam.* pl. 16.
Juss. pag. 319. *Vent.* 3, pag. 310,
pl. 19, fig. 4.

165. CISTUS, *CISTE. Lin. gen.* 913.
Syst. des plant. 2, pag. 410.
{ Ciste. *Tourn.* 226, pl. 136.
{ Eliantheme. *Tourn.* 214, pl. 128.

{ Cistus. *Tourn.* 259, tab. 136.
{ Helianthemum. *Tour.* 248, t. 128.
{ Cistus. *Gaert.* 1, p. 370, t. 76, f. 10.
{ Helianthemum. *Gaert.* 1, p. 371,
{   tab. 76, fig. 11.
{ Cistus. *Mirb.* 12, pag. 267.
{ Helianthemum. *Mirb.* 12, p. 271.
{ Cistus. *Juss.* pag. 294.
{ Helianthemum. *Juss.* pag. 294.
{ Cistus. *Vent.* 3, p. 220, pl. 17, f. 5.
{ Helianthemum. *Vent.* 3, p. 221,
{   pl. 17, fig. 5.
Cistus. *Duham.* 1, pag. 167. *Ludw.
gen.* 776. *Hall.* 2, pag. 2. *Lam.* pl.
477.

166. CITRUS, *CITRONNIER. Lin. g.* 1218.
Syst. des plant. 3, pag. 392.
{ Oranger. *Tour.* 492, pl. 393 et 394.
{ Citronnier. *T.* 493, pl. 395 et 396.
{ Limonnier. *Tourn.* 493, pl. 397.
{ Aurantium. *T.* 620, t. 393 et 394.
{ Citreum. *Tour.* 620, t. 395 et 396.
{ Limon. *Tourn.* 621, tab. 397.
{ Citrus. *Juss.* pag. 261.
{ Limonia. *Juss.* pag. 261.
{ Citrus. *Vent.* 3, p. 155, pl. 16, f. 3.
{ Limonia. *V.* 3, p. 157, pl. 16, f. 3.
Citrus. *Ludw. gen.* 792. *Gaert.* 2,
p. 189, t. 121, f. 2. *Lam.* pl. 639.
Mill. 354, t. 64. *Mirb.* 12, p. 86.

167. CLATHRUS, *CLATHRE. Lin. g.* 1678.
Syst. des plant. 4, pag. 415.
Morille. *Tourn.* 440, pl. 329.
Boletus. *Tourn.* 561, tab. 329.
{ Clathrus. *Mich.* 213, tab. 93.
{ Clathroidastrum. *Mich.* 214, tab.
{   94, fig. 1 et 2, ord. 1.
{ Trichia. *Bull.* 117, pl. 477, fig. 1,
{   2 et 3.
{ Clathrus. *Bull.* 189, pl. 441.
{ Clathrus. *Gled.* 139, gen 8, t. 4.
{ Stemonitis. *Gled.* 140, g. 9, t. 4.
Stemonitis. *Ludw. gen.* 1229.
Clavaria. *Batt.* 23, t. 2, E, F.
Trichia. *Vent.* 2, p. 14, pl. 1, f. 4.
Hall. 3, pag. 114.
Clathrus. *Lam.* pl. 887. *Mirb.* 4,
pag. 58 et 66. *Juss.* pag. 3.

168. CLAVARIA, *CLAVAIRE. Lin. g.* 1682.

Syst. des plant. 4 , pag. 418.
{ Agaric. *Tourn.* 441 , pl. 330.
{ Coralloïdes. *Tourn.* 442 , pl. 332.
{ Agaricus. *Tourn.* 562 , tab. 330.
{ Coralloïdes. *Tourn.* 564 , tab. 332.
{ Lichen-agaricus. *Mich.* 103 , tab.
    55 , ord 1 , fig. 1 et 2.
{ Clavaria. *Mich.* 208 , tab. 87.
{ Coralloïdes. *Mich.* 209 , tab. 88 ,
    fig. 1 , 2 , 3 , 4 et 6.
{ Puccinia. *Mich.* 213 , tab. 92.
{ Clavaria. *Hall.* 3 , pag. 123.
{ Puccinia. *Hall.* 3 , pag. 126.
{ Clavaria. *Lam.* pl. 888.
{ Hypoxylum. *Lam.* pl. 879.
Coralloïdes. *Batt.* 22 , tab. 1 , A ,
B , C , D.
Clavaria. *Ludw.* gen. 1234. *Gledits.*
26 , gen. 2 , t. 1. *Mirb.* 4 , pag. 68.
Juss. p. 5. *Vent.* 2 , pag. 18 , pl. 1 ,
fig. 4.
Clavaria. *Bull.* 191 , pl. 220.
169. CLEMATIS, *CLÉMATITE. L. g.* 950.
Syst. des plant. 2 , pag. 445.
Clematite. *Tourn.* 243 , pl. 150.
Clematitis. *Tourn.* 293 , tab. 150.
Duham. 1 , pag. 171.
Viticella. *Dill.* gen. p. 165 , tab. 14.
Clematis. *Ludw.* gen. 604. *Hall.* 2 ,
p. 59. *Gaert.* 1 , p. 353 , t. 74 , f. 3.
Lam. pl. 497. *Mirb.* 11 , pag. 160.
Batsch , 1 , fasc. 2 , p. 22 , tab. 12.
f. 23. *Boiss.* 2.e liv. pag. et pl. 377.
Juss. pag. 232. *Vent.* 3 , p. 55 , pl.
13 , fig. 5.
170. CLEOME, *CLÉOME. Lin. gen.* 1099.
Syst. des plant. 3 , pag. 204.
Sinapistrum. *Tourn.* 198 , pl. 116.
Sinapistrum. *Tourn.* 231 , tab. 116.
Cleome. *Ludw. gen.* 608. *Gaert.* 1 ,
p. 368 , tab. 76 , f. 6. *Lam.* pl. 567.
Juss. pag. 243. *Vent.* 3 , pag. 119 ,
pl. 15 , fig. 3.
171. CLEONIA, *CLÉONIE. Lin. gen.* 991.
Syst. des plant. 3 , pag. 72.
Clinopodium. *Tourn.* 163 , pl. 92.
Clinopodium. *Tourn.* 194 , tab. 92.
Cleonia. *Gaert.* 1 , p. 318 , tab. 66 ,
fig. 7.

172. CLINOPODIUM, *CLINOPODE. Lin. g.*
980.
Syst. des plant. 3 , pag. 52.
Clinopodium. *Tourn.* 163 , pl. 92.
Clinopodium. *Tourn.* 194 , tab. 92.
Ludw. gen. 298. *Hall.* 1 , pag. 104.
Lam. pl. 511. *Boiss.* 1.re liv. p. et
pl. 404. *Juss.* pag. 115. *Vent.* 2 ,
pag. 342 , pl. 9 , fig. 3.
173. CLYPEOLA, *CLYPÉOLE. Lin. g.* 1082.
Syst. des plant. 3 , pag. 168.
{ Jonthlaspi. *Tourn.* 179 , pl. 99.
{ Alysson. *Tourn.* 185 , pl. 104.
{ Jonthlaspi. *Tourn.* 210 , tab. 99.
{ Alysson. *Tourn.* 216 , tab. 104.
Clypeola. *Ludw. gen.* 526. *Gaert.* 2 ,
p. 283 , t. 141 , f. 6. *Lam.* pl. 560.
Boiss. 6.e liv. pag. et pl. 445. *Juss.*
pag. 240. *Vent.* 3 , p. 107 , pl. 15 ,
fig. 2.
174. CNEORUM, *CAMELÉE. Lin. gen.* 65.
Syst. des plant. 1 , pag. 69.
Camelée. *Tourn.* 512 , pl. 421.
Chamælea. *Tourn.* 651 , tab. 421.
Ludw. gen. 488. *Duham.* 1 , p. 157.
Gaert. 1 , p. 342 , t. 70 , f. 4.
Cneorum. *Lam.* pl. 27. *Juss.* p. 369.
Vent. 3 , p. 443 , pl. 22 , f. 2.
175. CNICUS, *CNIQUE. Lin. gen.* 1255.
Syst. des plant. 3 , pag. 468.
{ Cnicus. *Tourn.* 356 , pl. 257.
{ Cirsium. *Tourn.* 354 , pl. 255.
{ Carline. *Tourn.* 400 , pl. 285.
{ Cnicus. *Tourn.* 450 , tab. 257.
{ Cirsium. *Tourn.* 447 , tab. 255.
{ Carlina. *Tourn.* 500 , tab. 285.
Acarna. *Vaill.* 1718 , p. 163 , g. 1.
Cirsium. *Hall.* 1 , pag. 73.
Cnicus. *Ludw. gen.* 413. *Gaert.* 2 ,
p. 385 , t. 162 , f. 5. *Juss.* pag. 172.
Vent. 2 , p. 495 , pl. 12 , f. 4.
176. COCHLEARIA , *COCHLÉARIA. Lin.*
gen. 1079.
Syst. des plant. 3 , pag. 160.
{ Herbe aux cuilliers. *Tourn.* 183 ,
    pl. 101.
{ Cresson. *Tourn.* 182 , pl. 102.
{ Cochlearia. *Tourn.* 215 , tab. 101.
{ Nasturtium. *Tourn.* 213 , t. 102.

Juss. p. 180. *Vent.* 2, p. 511, pl. 12, fig. 5.

185. CORÉOPSIS, *CORÉOPSE. L. g.* 1325.
Syst. des plant. 3, pag. 594.
Ceratocephaloides. *Vaill.* 1720, p. 328, gen. 7.
Bidens. *Hall.* 1, pag. 50.
Coreopsis. *Ludw. gen.* 475. *Gaert.* 2, p. 457, t. 171, f. 9. *Lam.* pl. 704. *Mirb.* 10, p. 244. *Batsch*, 1, fasc. 2, p. 97, t. 19, f. 33. *Juss.* p. 188. *Vent.* 2, p. 528, pl. 12, f. 5.

186. CORIANDRUM, *CORIANDRE. Lin. g.* 488.
Syst. des plant. 1, pag. 480.
Coriandre. *Tourn.* 266, pl. 168.
Coriandrum. *Tourn.* 316, tab. 168.
Ludw. gen. 872. *Hall.* 1, pag. 335.
Gaert. 1, p. 93, t. 22, f. 2. *Lam.* pl. 196. *Juss.* p. 220. *Vent.* 3, pag. 16, pl. 13, fig. 4.

187. CORIARIA, *REDOUL. Lin. gen.* 1540.
Syst. des plant. 4, pag. 224.
Coriaria. *Vaill.* 1711, pl. 12. *Dill.* g. p. 158, t. 12. *Duham.* 1, p. 179.
Ludw. gen. 1154. *Lam.* pl. 822.
Juss. p. 441. *Vent.* 4, pag. 3.

188. CORIS, *CORIS. Lin. gen.* 329.
Syst. des plant. 1, pag. 330.
Coris. *Tourn.* 652, p. 423. *Ludw. gen.* 364. *Lam.* pl. 102. *Juss.* p. 96.
Vent. 2, p. 288, pl. 8, f. 2.

189. CORISPERMUM, *CORISPERME. Lin. gen.* 16.
Syst. des plant. 1, pag. 11.
Corispermum. *Dill.* gen. pag. 160, tab. 12. *Ludw. gen.* 480. *Gaert.* 1, pag. 361, tab. 75, f. 7. *Lam.* pl. 5. *Boiss.* 9.ᵉ liv. p. et pl. 3. *Vent.* 2, pag. 261, pl. 7, fig. 3.

190. CORNUCOPIÆ, *COQUELUCHIOLE. L. gen.* 101.
Syst. des plant. 1, pag. 101.
Cornucopiæ. *Ludw. g.* 1026. *Lam.* pl. 40. *Juss.* pag. 33.

191. CORNUS, *CORNOUILLER. L. g.* 194.
Syst. des plant. 1, pag. 203.
Cornouiller. *Tourn.* 502, pl. 410.
Cornus. *Tour.* 641, t. 410. *Duham*

1, p. 181. *Ludw. gen.* 520. *Hall.* 1, p. 362. *Gaert.* 1, p. 126, t. 26, f. 4.
Lam. pl. 74. *Batsch*, 1, fasc. 1, p. 75, t. 8, f. 15. *Juss.* p. 214. *Vent.* 2, pag. 605, pl. 13, fig. 2.

192. CORONILLA, *CORONILLE. L. g.* 1198.
Syst. des plant. 3, pag. 337.
{ Coronilla. *Tourn.* 510, pl. 419.
{ Emerus. *Tourn.* 510, pl. 418.
{ Securidaca. *Tourn.* 318, pl. 224.
{ Coronilla. *Tourn.* 650, tab. 419.
{ Emerus. *Tourn.* 650, tab. 418.
{ Securidaca. *Tourn.* 399, tab. 224.
{ Coronilla. *Duham.* 1, pag. 185.
{ Emerus. *Duham.* 1, pag. 215.
{ Coronilla. *Ludw. gen.* 644.
{ Securidaca. *Ludw. gen.* 645.
{ Coronilla. *Gaert.* 2, p. 344, tab. 155, fig. 1.
{ Securidaca. *Gaert.* 2, p. 337, tab. 153, fig. 3.
{ Coronilla. *Lam.* pl. 630.
{ Securidaca. *Lam.* pl. 629.
Coronilla. *Hall.* 1, p. 168. *Boiss.* 2.ᵉ liv. pag. et pl. 493. *Juss.* p. 361.
Vent. 3, p. 422, pl. 22, f. 1.

193. CORRIGIOLA, *CORRIGIOLE. L. g.* 516.
Syst. des plant. 1, pag. 509.
Polygonifolia. *Dill.* 95, tab. 3.
Corrigiola. *Ludw. gen.* 704. *Gaert.* 1, p. 358, t. 75, f. 3. *Hall.* 1, pag. 375. *Lam.* pl. 213. *Boiss.* 10.ᵉ liv. p. et pl. 226. *Juss.* p. 313. *Vent.* 3, p. 262, pl. 19, fig. 2.

194. CORTUSA, *CORTUSE. Lin. gen.* 259.
Syst. des plant. 1, pag. 273.
Oreille d'ours. *Tourn.* 99, pl. 46.
Auricula Ursi. *Tourn.* 120, tab. 46.
Cortusa. *Ludw. gen.* 77. *Gaert.* 1, p. 231, tab. 50, f. 7. *Lam.* pl. 99.
Boiss. 4.ᵉ liv. pag. et pl. 122. *Juss.* p. 96. *Vent.* 2, p. 290, pl. 8, f. 2.

195. CORYLUS, *NOISETIER. Lin. g.* 1450.
Syst. des plant. 4, pag. 133.
Noisettier. *Tourn.* 453, pl. 347.
Corylus. *Tourn.* 581, t. 347. *Duh.* 1, p. 187. *Ludw. gen.* 1122. *Hall.* 2, pag. 295. *Gaert.* 2, p. 52, tab. 89, f. 3. *Lam.* pl. 780. *Boiss.* 6.ᵉ liv.

p. et pl. 616. *Juss.* p. 410. *Vent.* 3,
p. 562, pl. 24, fig. 1.

196. COTULA, *COTULE. Lin. gen.* 1310.
Syst. des plant. 3, pag. 571.
{ Cotula. *Vaill.* 1719, p. 288, g. 5,
pl. 20, fig. 3, 21 et 15.
Ananthocyclus. *Vaill.* 1719, pag.
289, g. 6, pl. 20, f. 5 et 24.
Cotula. *Ludw. gen.* 386. *Gaert.* 2,
p. 388, t. 165, f. 10. *Lam.* pl. 700.
Boiss. 9.e liv. pag. et pl. 563. *Juss.*
p. 184. *Vent.* 2, p. 549, pl. 12, f. 5.

197. COTYLEDON, *COTYLIER. L. g.* 788.
Syst. des plant. 2, pag. 257.
Cotyledon. *Tourn.* 76, pl. 19.
Cotyledon. *Tourn.* 90, t. 19. *Ludw.*
gen. 203. *Lam.* pl. 389. *Boiss.* 2.e
liv. pag. et pl. 321. *Juss.* pag. 307.
Vent. 3, p. 274, pl. 18, f. 3.

198. CRAMBE, *CRAMBE. Lin. gen.* 1071.
Syst. des plant. 3, pag. 203.
{ Crambe. *Tourn.* 180, pl. 100.
Rapistrum. *Tourn.* 179, pl. 99.
{ Crambe. *Tourn.* 211, tab. 100.
Raspitrum. *Tourn.* 210, tab. 99.
{ Raspistrum. *Vent.* 3, p. 113, pl.
15, fig. 2.
{ Crambe. *Vent.* 3, p. 116, pl. 15,
fig. 2.
Crambe. *Ludw. gen.* 524. *Gaert.* 2,
p. 292, t. 142, f. 4. *Lam.* pl. 553.
Juss. pag. 242.

199. CRASSULA, *CRASSULE. Lin. g.* 533.
Syst. des plant. 1, pag. 526.
Cotyledon. *Ludw. gen.* 203.
Sedum. *Hall.* 1, pag. 411.
Crassula. *Mill.* 259, tab. 16. *Lam.*
pl. 220. *Boiss.* 7.e liv. p. et pl. 235.
Juss. gen. 307. *Vent.* 3, pag. 273,
pl. 18, fig. 3.

200. CRATÆGUS, *ALISIER. Lin. gen.* 854.
Syst. des plant. 2, pag. 337.
Neflier. *Tourn.* 502, pl. 410.
{ Cratægus. *Tourn.* 633.
Mespilus. *Tourn.* 641, tab. 410.
{ Cratægus. *Juss.* pag. 335.
Mespilus. *Juss.* pag. 335.
Mespilus. *Hall.* 2, p. 30. *Gaert.* 2,
pag. 43, tab. 87, fig. 1.

{ Cratægus. *Vent.* 3, p. 337, pl. 20,
fig. 4.
Mespilus. *Vent.* 3, p. 337, pl. 20,
fig. 4.
Sorbus. *Ludw. gen.* 794.
Cratægus. *Duham.* 1, p. 193. *Mill.*
309, t. 42. *Lam.* pl. 433.

201. CREPIS, *CRÉPIDE. Lin. gen.* 1239.
Syst. des plant. 3, pag. 443.
{ Hieracium. *Tourn.* 373, pl. 267.
Condrile. *Tourn.* 377, pl. 268.
{ Hieracium. *Tourn.* 469, tab. 267.
Chondrilla. *Tourn.* 475, tab. 268.
{ Crepis. *Gaert.* 2, p. 364, t. 158,
fig. 8.
{ Tolpis. *Gaert.* 2, p. 371, t. 160,
fig. 1.
{ Crepis. *Lam.* pl. 651.
Tolpis. *Lam.* pl. 651.
{ Crepis. *Juss.* pag. 169.
Drepania. *Juss.* pag. 169.
{ Crepis. *Vent.* 2, p. 485, pl. 12, f. 3.
{ Drepania. *Vent.* 2, p. 485, pl. 12,
fig. 3.
Hieracioïdes. *Vaill.* 1721, p. 188,
gen. 2, pl. 7 et 8, fig. 47 ou 52, 13
ou 14, 19 et 18.
Crepis. *Hall.* 1, pag. 12. *Ludw.*
gen. 437.

202. CRESSA, *CRESSE. Lin. gen.* 439.
Syst. des plant. 1, pag. 423.
Cressa. *Ludw. gen.* 145. *Lam.* pl.
183. *Juss.* p. 134. *Vent.* 2, p. 397,
pl. 10, fig. 2.

203. CRITHMUM, *CRITHME. Lin. g.* 473.
Syst. des plant. 1, pag. 460.
{ Bacille. *Tourn.* 267, pl. 169.
Persil. *Tourn.* 254, pl. 160.
{ Crithmum. *Tourn.* 317, tab. 169.
Apium. *Tourn.* 305, tab. 160.
Chrithmum. *Ludw. gen.* 849. *Lam.*
pl. 197. *Boiss.* 8.e liv. p. et pl. 193.
Juss. pag. 223. *Vent.* 3, p. 27, pl.
13, fig. 4.

204. CROCUS, *SAFRAN. Lin. gen.* 75.
Syst. des plant. 1, pag. 73.
Safran. *Tourn.* 289, pl. 183 et 184.
Crocus. *Tourn.* 350, tab. 183 et 184.
Ludw. gen. 9. *Hall.* 2, pag. 126.
Mill.

Mill. 239, t. 6. *Lam.* pl. 3o. *Boiss.*
11.ᵉ liv. pag. et pl. 3o. *Batsch*, 1,
fasc. 1, p. 1, t. 1, f. 1. *Juss.* pag.
59. *Vent.* 2, p. 194, pl. 4, f. 6.

205. CROTON, *CROTON. Lin. gen.* 1462.
Syst. des plant. 4, pag. 146.
Ricinoïdes. *Tourn.* 655, tab. 423.
Croton. *Ludw. gen.* 1086. *Gaerl.* 2,
p. 118, t. 107, f. 6. *Lam.* pl. 790.
Juss. pag. 389. *Vent.* 3, pag. 496,
pl. 22, fig. 4.

206. CRUCIANELLA, *CRUCIANELLE. Lin.
gen.* 163.
Syst. des plant. 1, pag. 185.
Rubeola. *Tourn.* 106, pl. 5o.
Rubeola. *Tourn.* 13o, t. 5o. *Ludw.
gen.* 14.
Crucianella. *Gaerl.* 1, p. 111, tab.
24, f. 3. *Lam.* pl. 61. *Juss.* p. 197.
Vent. 2, p. 566, pl. 13, f. 1.

207. CUCUBALUS, *CUCUBALE. Lin. g.* 771.
Syst. des plant. 2, pag. 237.
{ Cucubalus. *Tourn.* 282, pl. 176.
{ Lychnis. *Tourn.* 28o, pl. 175.
{ Cucubalus. *Tourn.* 339, tab. 176.
{ Lychnis. *Tourn.* 333, tab. 175.
Viscago. *Hall.* 1, pag. 396.
Cucubalus. *Ludw. gen.* 756. *Gaerl.*
1, p. 376, t. 77, f. 7. *Lam.* pl. 377.
Boiss. 9.ᵉ liv. pag. et pl. 315. *Juss.*
pag. 3o2. *Vent.* 3, p. 246, pl. 18,
fig. 2.

208. CUPRESSUS, *CYPRÉS. Lin. gen.* 1458.
Syst. des plant. 4, pag. 141.
Ciprés. *Tourn.* 459, pl. 358.
Cupressus. *Tourn.* 587, tab. 358.
Duham. 1, pag. 197. *Ludw. gen.*
1104. *Gaerl.* 2, p. 64, tab. 91, f. 5.
Lam. pl. 787. *Juss.* p. 413. *Vent.* 3,
p. 58o, pl. 24, fig. 2.

209. CUSCUTA, *CUSCUTE. Lin. gen.* 227.
Syst. des plant. 1, pag. 221.
Cuscute. *Tourn.* 513, pl. 422.
Cuscuta. *Tourn.* 652, tab. 422.
Ludw. gen. 49. *Gaerl.* 1, p. 297,
t. 62, f. 6. *Hall.* 1, p. 29o. *Lam.*
pl. 88. *Juss.* p. 135. *Vent.* 4, p. 2.

21o. CYCLAMEN, *CYCLAME. Lin. g.* 262.
Syst. des plant. 1, pag. 275.

Pain de pourceau. *Tour.* 128, pl. 68.
Cyclamen. *Tourn.* 154, tab. 68.
Ludw. gen. 78. *Lam.* pl. 100. *Juss.*
pag. 97. *Vent.* 2, p. 291, pl. 8, f. 2.

211. CYNANCHUM, *CYNANCHE. L. g.* 43o.
Syst. des plant. 1, pag. 407.
{ Apocin. *Tourn.* 77, pl. 20 et 21.
{ Periploca. *Tourn.* 79, pl. 22.
{ Apocynum. *Tourn.* 91, t. 20 et 21.
{ Periploca. *Tourn.* 93, tab. 22.
Cynanchum. *Ludw. gen.* 15o. *Gaerl.*
2, p. 171, t. 117, f. 3. *Lam.* pl. 177.
Juss. pag. 147. *Vent.* 2, pag. 429,
pl. 11, fig. 1.

212. CYNARA, *ARTICHAUD. L. g.* 1257.
Syst. des plant. 3, pag. 471.
Artichaud. *Tourn.* 351, pl. 253.
Cinara. *Tourn.* 442, t. 253. *Juss.*
pag. 173. *Vent.* 2, pag. 498, pl. 12,
fig. 4.
Cynara. *Vaill.* 1718, p. 155, g. 1,
Ludw. gen. 412. *Lam.* pl. 663.

213. CYNOGLOSSUM, *CYNOGLOSSE. Lin.
gen.* 243.
Syst. des plant. 1, pag. 255.
{ Langue de chien. *Tour.* 116, pl. 57.
{ Omphalodes. *Tourn.* 117, pl. 58.
{ Cynoglossum. *Tourn.* 139, t. 57.
{ Omphalodes. *Tourn.* 140, t. 58.
Cynoglossum. *Ludw. gen.* 6o. *Hall.*
1, p. 26o. *Gaerl.* 1, p. 323, t. 67,
f. 4. *Lam.* pl. 92. *Mirb.* 9, p. 112
et 143. *Boiss.* 5.ᵉ liv. p. et pl. 108.
Juss. pag. 131. *Vent.* 2, p. 393,
pl. 10, fig. 1.

214. CYNOMORIUM, *CYNOMORE. Lin.
gen.* 1394.
Syst. des plant. 4, pag. 70.
Cynomorion. *Mich.* 17, tab. 12.
Cynomorium. *Ludw. gen.* 1089.
Juss. pag. 445. *Lam.* pl. 742.

215. CYNOSURUS, *CRETELLE. L. g.* 118.
Syst. des plant. 1, pag. 125.
{ Cynosurus. *Gaerl.* 1, p. 5, t. 1,
{ fig. 8.
{ Eleusine. *Gaerl.* 1, p. 7, tab. 1,
{ fig. 11.
{ Cynosurus. *Hall.* 2, pag 25o.
{ Sesleria. *Hall.* 2, pag. 217.

{ Poa. *Koel.* 154, gen. 21, tab. 22.
{ Cynosurus. *Koel.* 369, g. 36, t. 37.
{ Lamarckia. *Koel.* 376, g. 37, t. 38.
Cynosurus *Ludw. gen.* 1050. *Lam.*
pl. 47. *Juss.* p. 31. *Vent.* 2, p. 105,
pl. 3, fig. 3.

216. CYPERUS, *SOUCHET. Lin. gen.* 93.
Syst. des plant. 1, pag. 89.
Souchet. *Tourn.* 419, pl. 299.
Cyperus. *Tourn.* 527, t. 299. *Mich.*
44, tab. 31. *Ludw. gen.* 1059. *Hall.*
2, pag. 181. *Gaert.* 1, p. 9, tab. 2,
f. 2. *Lam.* pl. 38. *Mirb.* 5, p. 289
et 292. *Juss.* pag. 27. *Vent.* 2, pag.
92, pl. 3, f. 2.

217. CYPRIPEDIUM, *SABOT. Lin. g.* 1376.
Syst. des plant. 4, pag. 23.
Sabot. *Tourn.* 345, pl. 249.
Calceolus. *Tourn.* 436, tab. 249.
Ludw. gen. 886. *Hall.* 2, p. 157.
Cypripedium. *Lam.* pl. 729. *Juss.*
pag. 65. *Vent.* 2, p. 209, pl. 5, f. 3.

218. CYTINUS, *HYPOCISTE. Lin. g.* 1384.
Syst. des plant. 4, pag. 43.
Hypocistis. *Tourn.* cor. 46, t. 477.
Ludw. gen. 1009.
Cytinus. *Lam.* pl. 737. *Juss.* p. 73.
Vent. 2, p. 228, pl. 6, f. 2.

219. CYTISUS, *CYTISE. Lin. gen.* 1191.
Syst. des plant. 3, pag. 330.
Citise. *Tourn.* 507, pl. 416.
Cytisus. *Tourn.* 647, t. 416. *Ludw.*
gen. 620. *Hall.* 1, p. 156. *Duham.*
1, p. 205. *Lam.* pl. 618. *Boiss.* 9.ᵉ
liv. pag. et pl. 489. *Juss.* pag. 354.
Vent. 3, p. 388, pl. 22, f. 1.

D

220. DACTYLIS, *DACTYLE. Lin. gen.* 117.
Syst. des plant. 1, pag. 114.
Bromus. *Hall.* 2, pag. 236. *Koel.*
p. 209, gen. 22, tab. 23.
Dactylis. *Ludw. gen.* 1040. *Lam.*
pl. 44. *Juss.* pag. 31. *Vent.* 2, pag.
104, pl. 3, fig. 3.

221. DAPHNE, *GAROU. Lin. gen.* 664.
Syst. des plant. 2, pag. 132.
Garou. *Tourn.* 467, pl. 366.
Thymelæa. *Tourn.* 594, tab. 366.

Ludw. gen. 186. *Duham.* 2, p. 323.
Hall. 1, p. 438. *Gaert.* 1, p. 188,
tab. 39, fig. 4.
Daphne. *Lam.* pl. 290. *Boiss.* 2.ᵉ
liv. p. et pl. 284. *Batsch*, 1, fasc. 1,
p. 84, t. 9, f. 17. *Mirb.* 7, p. 246.
Juss. pag. 77. *Vent.* 2, p. 238, pl.
6, fig. 4.

222. DATURA, *ENDORMIE. Lin. gen.* 332.
Syst. des plant. 1, pag. 334.
Stramonium. *Tour.* 98, pl. 43 et 44.
Stramonium. *Tourn.* 118, tab. 43
et 44. *Ludw. gen.* 89. *Gaert.* 2, p.
243, t. 132, f. 4.
Datura. *Lam.* pl. 113. *Boiss.* 3.ᵉ liv.
p. et pl. 142. *Juss.* pag. 125. *Vent.*
2, p. 370, pl. 9, fig. 5.

223. DAUCUS, *CAROTTE. Lin. gen.* 466.
Syst. des plant. 1, pag. 451.
{ Carotte. *Tourn.* 257, pl. 161.
{ Fenouil. *Tourn.* 260, pl. 164.
{ Caucalis. *Tourn.* 273, pl. 171.
{ Daucus. *Tourn.* 307, tab. 161.
{ Fœniculum *Tourn.* 311, tab. 164.
{ Caucalis. *Tourn.* 323, tab. 171.
{ Daucus. *Gaert.* 1, p. 79, tab. 20,
{   fig. 4.
{ Visnaga. *Gaert.* 1, p. 92, tab. 21,
{   fig. 12.
Daucus. *Ludw. gen.* 863. *Hall.* 1,
pag. 326. *Lam.* pl. 192. *Juss.* pag.
224. *Vent.* 3, p. 30, pl. 13, f. 4.

224. DELPHINIUM, *DELPHIN. L. g.* 927.
Syst. des plant. 2, pag. 423.
Pié d'alouette. *Tourn.* 338, pl. 241.
Delphinium. *Tourn.* 426, tab. 241.
Ludw. gen. 930. *Hall.* 2, pag. 94.
Gaert. 1, p. 310, t. 65, f. 3. *Lam.*
pl. 482. *Boiss.* 3.ᵉ liv. p. et pl. 368.
Juss. pag. 234. *Vent.* 3, p. 62, pl.
13, fig. 5.

225. DENTARIA, *DENTAIRE. L. g.* 1087.
Syst. des plant. 3, pag. 172.
Dentaire. *Tourn.* 192, pl. 110.
Dentaria. *Tourn.* 225, tab. 110.
Ludw. gen. 541. *Hall.* 1, pag. 204.
Lam. pl. 562. *Boiss.* 5.ᵉ liv. pag. et
pl. 449. *Juss.* pag. 239. *Vent.* 3,
pag. 105, pl. 13, fig. 2.

226. DIANTHUS, *ŒILLET. Lin. gen.* 770.
Syst. des plant. 2, pag. 233.
Œillet. *Tourn.* 279, pl. 174.
Caryophyllus. *Tourn.* 329, t. 174.
Tunica. *Ludw. gen.* 745. *Hall.* 1,
pag. 391.
Dianthus. *Gaert.* 2, p. 227, t. 129,
f. 13. *Lam.* pl 376. *Mirb.* 13, p. 2
et 5. *Boiss.* 1.re liv. pag. et pl. 314.
Juss. pag. 302. *Vent.* 3, p. 245, pl.
17, fig. 2.
227. DIAPENSIA, *DIAPENSE. Lin. g.* 255.
Syst. des plant. 1, pag. 268.
Diapensia. *Ludw. gen.* 104. *Lam.*
pl. 102. *Boiss.* 5.e liv. p. et pl. 118.
Juss. pag. 135. *Vent.* 2, pag. 399,
pl. 10, fig. 3.
228. DICRANUM, *DICRANE. Lin. g.* 1644.
Bryum. Syst. des plant. 4, pag. 356.
Bryum. *Dill.* gen. pag. 83, tab. 2.
- Musc. 6, gen. 11, tab. 44.
{ Bryum. *Hall.* 3, pag. 43.
{ Hypnum. *Hall.* 3, pag. 26.
{ Dicranum. *Hedw.* fund. 2, p. 91,
{   gen. 13, t. 8, f. 41 et 42. -Musc.
{   1, pag. 68, tab. 26.
{ Fissidens. *Hedw.* fund. 2, p. 91,
{   gen. 12, tab. 8, fig. 45 et 46.
{   -Musc. 2, pag. 85, tab. 31.
{ Dicranum. *Brid.* 1, p. 163, g. 17,
{   t. 3, f. 18; et 2, pag. 154.
{ Fissidens. *Brid.* 1, p. 162, g. 16,
{   t. 2, f. 17; et 2, pag. 139.
Dicranum. *Swartz*, p. 31, g. 11.
229. DICTAMNUS, *DICTAMNE. L. g.* 726.
Syst. des plant. 2, pag. 186.
Fraxinelle. *Tourn.* 340, pl. 243.
Fraxinella. *Tourn.* 430, tab. 243.
Gaert. 1, p. 337, t. 69, f. 4.
Dictamnus. *Ludw. gen.* 302. *Lam.*
pl. 344. *Mirb.* 12, pag. 295. *Juss.*
p. 297. *Vent.* 3, p. 229, pl. 18, f. 1.
230. DIDYMODON, *DIDYMODE. L. g.* 1646.
Bryum. Syst. des plant. 4, pag. 356.
{ Didymodon. *Hedw.* musc. 3, p. 8,
{   tab. 4.
{ Trichostomum. *Hedw.* fund. 2,
{   p. 90, gen. 11, t. 8, f. 43 et 44.
{   - Musc. 1, p. 74, t. 28.

Didymodon. *Brid.* 1, p. 160, g. 13,
t. 2, fig. 14; et 2, p. 115. *Swartz*,
pag. 27, gen. 9.
231. DIGITALIS, *DIGITALE. Lin. g.* 1017.
Syst. des plant. 3, pag. 105.
Digitale. *Tourn.* 134, pl. 73.
Digitalis. *Tourn.* 165, t. 73. *Ludw.*
gen. 332. *Hall.* 1, p. 143. *Gaert.* 1,
p. 247, tab. 53, f. 6. *Lam.* pl. 525.
Juss. pag. 120. *Vent.* 2, pag. 363,
pl. 9, fig. 4.
232. DIOSPYROS, *PLAQUEMINIER. Lin.*
gen. 1598.
Syst. des plant. 4, pag. 290.
Guaiacana. *Tourn.* 473, pl. 371.
Guaiacana. *Tourn.* 600, tab. 371.
Ludw. gen. 190. *Duham.* 1, p. 283.
Diospyros. *Gaert.* 2, p. 478, t. 179,
f. 9. *Lam.* pl. 858. *Juss.* pag. 156.
Vent. 2, p. 444, pl. 11, f. 3.
233. DIPSACUS, *CARDÉRE. Lin. gen.* 148.
Syst. des plant. 1, pag. 166.
Chardon à Bonnetier. *Tourn.* 370,
pl. 265.
Dipsacus. *Tourn.* 466, tab. 265.
Ludw. gen. 376. *Hall.* 1, pag. 85.
Mill. 245, tab. 9. *Gaert.* 2, p. 39,
t. 86, f. 5. *Lam.* pl. 56. *Boiss.* 8.e
liv. p. et pl. 75. *Juss.* p. 194. *Vent.*
2, p. 558, pl. 12, fig. 6.
234. DORONICUM, *DORONIC. L. g.* 1297.
Syst. des plant. 3, pag. 555.
{ Doronic. *Tourn.* 388, pl. 277.
{ Paquerête. *Tourn.* 392, pl. 280.
{ Doronicum. *Tourn.* 487, t. 277.
{ Bellis. *Tourn.* 490, tab. 280.
Arnica. *Ludw. gen.* 460.
Bellidiastrum. *Mich.* 32, tab. 29.
Doronicum. *Vaill.* 1720, pag. 301,
gen. 6, pl. 9, f. 41 et 14. *Hall.* 1,
p. 36. *Gaert.* 2, p. 458, tab. 173,
f. 5. *Lam.* pl. 679. *Juss.* pag. 182.
Vent. 2, p. 543, pl. 12, f. 5.
235. DRABA, *DRAVE. Lin. gen.* 1076.
Syst. des plant. 3, pag. 152.
Alysson. *Tourn.* 185, pl. 104.
Alysson. *Tourn.* 216, tab. 104.
Draba. *Ludw.* gen. 553. *Hall.* 1,
pag. 214. *Gaert.* 2, p. 284, t. 141,

fig. 8. *Lam.* pl. 556. *Mirb.* 11, pag.
252 et 282. *Boiss.* 2.ᵉ liv. p. et pl.
459. *Juss.* pag. 240. *Vent.* 3, p. 108,
pl. 15, fig. 2.

236. DRACOCEPHALUM, *DRACOCEPHALE.*
Lin. gen. 984.
Syst. des plant. 3, pag. 61.
{ Dracocephalon. *Tour.* 149, pl. 83.
{ Moldavica. *Tourn.* 152, pl. 85.
{ Dracocephalon. *Tour.* 181, t. 83.
{ Moldavica. *Tourn.* 184, tab. 85.
Moldavica. *Ludw. gen.* 280.
Dracocephalus. *Hall.* 1, pag. 111.
Dracocephalum. *Gaert.* 1, p. 319,
t. 66, f. 8. *Lam.* pl. 513. *Juss.* pag.
116. *Vent.* 2, p. 345, pl. 9, f. 3.

237. DROSERA, *DROSÈNE. Lin. gen.* 531.
Syst. des plant. 1, pag. 525.
Ros solis. *Tourn.* 211, pl. 127.
Ros solis. *Tourn.* 245, tab. 127.
Rorella. *Ludw. gen.* 715. *Hall.* 1,
pag. 371.
Drosera. *Gaert.* 1, p. 291, tab. 61,
f. 2. *Lam.* pl. 220. *Juss.* pag. 245.
Vent. 4, pag. 19.

238. DRYAS, *DRYADE. Lin. gen.* 868.
Syst. des plant. 2, pag. 374.
Benoite. *Tourn.* 244, pl. 151.
Caryophyllata. *Tourn.* 294, t. 151.
Ludw. gen. 809.
Dryas. *Hall.* 2, pag. 54. *Gaert.* 1,
p. 352, tab. 74, f. 2. *Lam.* pl. 443.
Boiss. 4.ᵉ liv. pag. et pl. 356. *Juss.*
pag. 338. *Vent.* 3, p. 349, pl. 21,
fig. 2.

239. DRYPIS, *DRYPIS. Lin. gen.* 519.
Syst. des plant. 1, pag. 512.
Drypis. *Mich.* 24, tab. 23. *Ludw.
gen.* 758. *Gaert.* 2, p. 218, t. 128,
f. 12. *Lam.* pl. 214. *Juss.* pag. 303.
Vent. 3, p. 249, pl. 17, f. 2.

E

240. ECHINOPHORA, *ÉCHINOPHORE. L.
gen.* 461.
Syst. des plant. 1, pag. 445.
Echinophora. *Tourn.* 656, t. 423.
Caucalis. *Ludw. gen.* 846.

Echinophora. *Juss.* pag. 225. *Lam.*
pl. 190.

241. ECHINOPS, *BOULETTE. L. g.* 1353.
Syst. des plant. 3, pag. 633.
Echinopus. *Tourn.* 368, pl. 262.
Echinopus. *Tourn.* 463, tab. 262.
Vaill. 1718, p. 150, gen. 2, pl. 5,
f. 4 et 5. *Ludw. gen.* 407. *Hall.* 1,
pag. 68. *Mill.* 367, tab. 70.
Echinops. *Gaert.* 2, p. 385, t. 160,
f. 6. *Lam.* pl. 719. *Juss.* pag. 175.
Vent. 2, p. 506, pl. 12, f. 4.

242. ECHIUM, *VIPERINE. Lin. gen.* 251.
Syst. des plant. 1, pag. 264.
Echium. *Tourn.* 111, pl. 54.
Echium. *Tourn.* 135, t. 54. *Ludw.
gen.* 359. *Hall.* 1, p. 268. *Gaert.* 1,
pag. 326, t. 67, f. 7. *Lam.* pl 94.
Boiss. 11.ᵉ liv. p. et pl. 116. *Juss.*
pag. 130. *Vent.* 2, p. 388, pl. 10,
fig. 1.

243. ELÆAGNUS, *CHALEF. Lin. gen.* 213.
Syst. des plant. 1, pag. 213.
Elæagnus. *Tourn.* Cor. 53, t. 489.
Duham. 1, pag. 213. *Ludw. gen.*
963. *Lam.* pl. 73. *Mirb.* 7, p. 224.
Juss. pag. 75. *Vent.* 2, pag. 234,
pl. 6, fig. 3.

244. ELATINE, *ELATINE. Lin. gen.* 685.
Syst. des plant. 2, pag. 152.
Alsinastrum. *Tourn.* 244.
Elatine. *Ludw. gen.* 578. *Hall.* 1,
p. 380. *Gaert.* 2, p. 142, tab. 112,
f. 4. *Lam.* pl. 320. *Juss.* pag. 300.
Vent. 3, p. 241, pl. 17, f. 2.

245. ELYMUS, *ELYME. Lin. gen.* 1433.
Syst. des plant. 1, pag. 140.
Triticum. *Hall.* 2, pag. 212.
{ Cuviera. *Koel.* 328, gen. 30, t. 31.
{ Elymus. *Koel.* 330, gen. 31, t. 32.
Elymus. *Ludw. gen.* 1055. *Lam.*
pl. 49. *Juss.* pag. 31. *Vent.* 2, pag.
105, pl. 3, f. 3.

246. EMPETRUM, *CAMARIGNE. L. g.* 1496.
Syst. des plant. 4, pag. 189.
Empetrum. *Tourn.* 450, pl. 421.
Empetrum. *Tourn.* 579, tab. 421.
Ludw. gen. 1141. *Duham.* 1, p. 217.
Hall. 2, pag. 279. *Gaert.* 2, p. 107,

tab. 106, f. 1. *Lam.* pl. 863. *Mill.*
401, tab. 86. *Boiss.* 5.e liv. p. et pl.
630. *Juss.* p. 162. *Vent.* 2, p. 465,
pl. 12, fig. 1.

247. ENCALYPTA, *ÉTEIGNOIR. L. g.* 1643.
{ Mnium. Syst. des plant. 4, p. 353.
{ Bryum. Syst. des plant. 4, p. 356.
Bryum. *Dill.* gen. p. 85, t. 2. –Musc.
6, gen. 11, t. 44. *Hall.* 3, p. 42.
Leersia. *Hedw.* fund. 2, p. 88, g. 7.
–Musc. 1, p. 49, t. 19. *Brid.* 1, p.
154, g. 7, t. 1, f. 8; et 2, p. 51.
Encalypta. *Swartz*, p. 24, g. 6.

248. EPHEDRA, *ÉPHÈDRE. Lin. g.* 1554.
Syst. des plant. 4, pag. 233.
Ephedra. *Tourn.* 513.
Ephedra. *Tourn.* 663, Cor. 53, pl.
477. *Ludw.* gen. 1174. *Duham.* 1,
pag. 219. *Hall.* 2, p. 322. *Lam.* pl.
830. *Juss.* pag. 411. *Vent.* 3, p. 575,
pl. 24, fig. 2.

249. EPILOBIUM, *ÉPILOBE. Lin. g.* 639.
Syst. des plant. 2, pag. 108.
Chamœnerion. *Tourn.* 252, pl. 157.
Chamœnerion. *Tourn.* 302, t. 157.
Ludw. gen. 563.
Epilobium. *Hall.* 1, p. 425. *Gaert.*
1, p. 157, t. 31, f. 6. *Lam.* pl. 278.
Mirb. 13, p. 82. *Batsch*, 2, fasc. 1,
p. 70, t. 16, f. 30. *Juss.* pag. 319.
Vent. 3, p. 313, pl. 19, f. 4.

250. EPIMEDIUM, *ÉPIMÈDE. Lin. g.* 193.
Syst. des plant. 1, pag. 202.
Epimedium. *Tourn.* 198, pl. 117.
Epimedium. *Tourn.* 232, tab. 117.
Ludw. g. 511. *Lam.* pl. 83. *Batsch*,
1, fasc. 1, p. 30, t. 4, f. 7. *Juss.*
p. 287. *Vent.* 3, p. 86, pl. 14, f. 4.

251. EQUISETUM, *PRÊLE. Lin. gen.* 1614
Syst. des plant. 4, pag. 308.
Prêle. *Tourn.* 424, pl. 307.
Equisetum. *Tourn.* 532, tab. 307.
Ludw. gen. 1200. *Hall.* 3, pag. 1.
Mirb. 5, pag. 150. *Lam.* pl. 862.
Juss. p. 17. *Vent.* 2, p. 70, pl. 2, f. 2.

252. ERICA, *BRUYÈRE. Lin. gen.* 659.
Syst. des plant. 2, pag. 122.
Bruyère. *Tourn.* 474, pl. 373.
Erica. *Tourn.* 602, tab. 373.

Ericoides. *Ludw.* gen. 184.
Erica. *Hall.* 1, p. 431. *Duham.* 1,
p. 221. *Gaert.* 1, p. 302, t. 63, f. 3.
Lam. pl. 287 et 288. *Boiss.* 3.e liv.
p. et pl. 283. *Juss.* p. 160. *Vent.* 2,
pag. 460, pl. 12, fig. 1.

253. ERIGERON, *VERGERETTE. Lin. gen.*
1287.
Syst. des plant. 3, pag. 523.
{ Aster. *Tourn.* 383, pl. 274.
{ Verge dorée. *Tourn.* 385, pl. 275.
{ Aster. *Tourn.* 481, tab. 274.
{ Virga-aurea. *Tourn.* 483, t. 275.
Conyzella. *Dill.* gen. p. 142, tab. 8.
Conyza. *Ludw.* gen. 404.
Erigeron. *Hall.* 1, p. 35. *Gaert.* 2,
p. 448, t. 170, f. 3. *Lam.* pl. 681.
Boiss. 10.e liv. p. et pl. 550. *Juss.*
p. 180. *Vent.* 2, p. 537, pl. 12, f. 5.

254. ERINUS, *ÉRINE. Lin. gen.* 1034.
Syst. des plant. 3, pag. 119.
Ageratum. *Tourn.* 512, pl. 422.
Ageratum. *Tourn.* 651, tab. 422.
Ludw. gen. 343.
Erinus. *Hall.* 1, p. 132. *Gaert.* 1,
pag. 261, t. 55, f. 5. *Lam.* pl. 521.
Boiss. 6.e liv. pag. et pl. 429. *Juss.*
p. 100. *Vent.* 2, p. 356, pl. 9, f. 4.

255. ERIOPHORUM, *LINAIGRETTE. Lin.*
gen. 95.
Syst. des plant. 1, pag. 98.
Linagrostis. *Tourn.* 664.
Linagrostis. *Mich.* 53, t. 31. *Ludw.*
gen. 1061.
Eriophorum. *Hall.* 2, pag. 174.
Gaert. 1, p. 10, t. 2, f. 4. *Lam.* pl.
39. *Juss.* pag. 27. *Vent.* 2, p. 92,
pl. 3, fig. 2.

256. ERVUM, *LENTILLE. Lin. gen.* 1188.
Syst. des plant. 3, pag. 326.
{ Ers. *Tourn.* 316, pl. 221.
{ Lentille. *Tourn.* 310, pl. 210.
{ Vesse. *Tourn.* 316, pl. 221.
{ Ervum. *Tourn.* 398, tab. 221.
{ Lens. *Tourn.* 390, tab. 210.
{ Vicia. *Tourn.* 396, tab. 221.
{ Ervum. *Hall.* 1, pag. 182.
{ Lens. *Hall.* 1, pag. 183.
{ Vicia. *Hall.* 1, pag. 184.

Ervum. *Ludw. gen.* 623. *Gaert.* 2, p. 328, t. 151, f. 4. *Lam.* pl. 634. *Juss.* pag. 360. *Vent.* 3, pag. 419, pl. 22, fig. 1.

257. ERYNGIUM, *PANICAUT. Lin. g.* 456.
Syst. des plant. 1, pag. 438.
Panicaut ou Chardon-Roland. *Tour.* 277, pl. 173.
Eryngium. *Tourn.* 327, tab. 173. *Ludw.* gen. 834. *Hall.* 1, pag. 322. *Gaert.* 1, p. 77, t. 20, f. 1. *Lam.* pl. 187. *Juss.* p. 226. *Vent.* 3, pag. 35, pl. 13, fig. 4.

258. ERYSIMUM, *VELAR. Lin. gen.* 1090.
Syst. des plant. 3, pag. 182.
{ Velar. *Tourn.* 194, pl. 111.
{ Julienne. *Tourn.* 189, pl. 108.
{ Turritis. *Tourn.* 190.
{ Sisymbrium. *Tourn.* 192, pl. 109.
{ Erysimum. *Tourn.* 228, tab. 111.
{ Hesperis. *Tourn.* 222, tab. 108.
{ Turritis. *Tourn.* 223.
{ Sisymbrium. *Tourn.* 225, t. 109.
Cheiranthus. *Lam.* pl. 564.
Erysimum. *Ludw. gen.* 534. *Hall.* 1, pag. 207. *Gaert.* 2, p. 297, pl. 143, f. 7. *Juss.* pag. 239. *Vent.* 3, p. 103, pl. 15, fig. 3.

259. ERYTHRONIUM, *ERYTHRONE. Lin. gen.* 562.
Syst. des plant. 2, pag. 37.
Dent de chien. *Tourn.* 301, pl. 202.
Dens canis. *Tourn.* 378, tab. 202.
Erythronium. *Ludw. g.* 907. *Hall.* 2, p. 114. *Lam.* pl. 244. *Boiss.* 4.e liv. p. et pl. 249. *Juss.* p. 48. *Vent.* 2, p. 167, pl. 4, fig. 4.

260. EVONYMUS, *FUSAIN. Lin. gen.* 373.
Syst. des plant. 1, pag. 371.
Fusain. *Tourn.* 489, pl. 388.
Evonymus. *Tourn.* 617, tab. 388. *Ludw. gen.* 696. *Hall.* 1, pag. 370. *Duham.* 1, p. 225. *Gaert.* 2, pag. 149, tab. 113, fig. 2. *Lam.* pl. 131. *Juss.* pag. 377. *Vent.* 3, pag. 463, pl. 22, fig. 3.

261. EUPATORIUM, *EUPATOIRE. Lin. g.* 1272.
Syst. des plant. 3, pag. 485.

Eupatoire. *Tourn.* 361, pl. 259.
Eupatorium. *Tourn.* 455, tab. 259. *Vaill.* 1719, p. 302, gén. 5. *Ludw.* gen. 396. *Gaert.* 2, p. 401, t. 166, f. 4. *Lam.* 672. *Juss.* p. 178. *Vent.* 2, p. 510, pl. 12, f. 5.

262. EUPHORBIA, *EUPHORBE. L. g.* 832.
Syst. des plant. 2, pag. 299.
Titimale. *Tourn.* 73, pl. 18.
{ Tithymalus. *Tourn.* 85, tab. 18.
{ Tithymaloides. *Tourn.* 654.
Tithymalus. *Duham.* 2, pag. 339. *Gaert.* 2, p. 115, t. 107, f. 2. *Hall.* 2, pag. 7.
Euphorbia. *Ludw. gen.* 232. *Mill.* 303, tab. 39. *Lam.* pl. 411. *Boiss.* 8.e liv. p. et pl. 335. *Juss.* pag. 385. *Vent.* 3, p. 129, pl. 15, f. 4.

263. EUPHRASIA, *EUPHRAISE. L. g.* 998.
Syst. des plant. 3, pag. 77.
{ Euphraise. *Tourn.* 142, pl. 78.
{ Pediculaire. *Tourn.* 140, pl. 77.
{ Euphrasia. *Tourn.* 174, tab. 78.
{ Pedicularis. *Tourn.* 171, tab. 77.
{ Euphrasia. *Hall.* 1, pag. 133.
{ Odontites. *Hall.* 1, pag. 134.
Odontites. *Dill.* gen. p. 117, tab. 6.
Euphrasia. *Ludw. gen.* 330. *Gaert.* 1, p. 257, t. 54, f. 8. *Lam.* pl. 518. *Boiss.* 1.re liv. p. et pl. 418. *Juss.* p. 100. *Vent.* 2, p. 299, pl. 8, f. 4.

F

264. FAGONIA, *FAGONE. Lin. gen.* 731.
Syst. des plant. 2, pag. 197.
Fagonia. *Tourn.* 231, pl. 41.
Fagonia. *Tourn.* 265, tab. 141. *Ludw. gen.* 739. *Gaert.* 2, p. 153, tab. 113, f. 6. *Lam.* pl. 346. *Juss.* p. 296. *Vent.* 3, p. 225, pl. 18, f. 1.

265. FAGUS, *HÊTRE. Lin. gen.* 1448.
Syst. des plant. 4, pag. 129.
{ Hêtre. *Tourn.* 455, pl. 351.
{ Chateignier. *Tourn.* 456, pl. 352.
{ Fagus. *Tourn.* 584, tab. 351.
{ Castanea. *Tourn.* 584, tab. 352.
{ Fagus. *Duham.* 1, pag. 231.
{ Castanea. *Duham.* 1, pag. 133.

{ Fagus. *Hall.* 2, pag. 292.
{ Castanea. *Hall.* 2, pag. 293.
{ Fagus. *Gaert.* 1, p. 182, t. 37, f. 2.
{ Castanea. *Gaert.* 1, p. 181, t. 37,
{ fig. 1.
{ Fagus. *Mirb.* 14, pag. 256.
{ Castanea. *Mirb.* 14, p. 256 et 259.
{ Castanea. *Vent.* 3, p. 566, pl. 24,
{ fig. 1.
{ Fagus. *Vent.* 3, p. 568, pl. 24,
{ fig. 1.
{ Fagus. *Ludw.* gen. 1125.
{ Castanea. *Ludw.* gen. 1126.
Fagus. *Lam.* pl. 782. *Juss.* p. 409.
266. FERULA, *FERULE. Lin.* gen. 475.
Syst. des plant. 1, pag. 462.
Férule. *Tourn.* 271, pl. 170.
Ferula. *Tourn.* 321, t. 170. *Ludw.*
gen. 844. *Gaert.* 2, p. 28, t. 83, f. 1.
Lam. pl. 205. *Juss.* p. 222. *Vent.*
3, p. 24, pl. 13, f. 4.
267. FESTUCA, *FESTUQUE. Lin.* gen. 119.
Syst. des plant. 1, pag. 127.
{ Poa. *Koel.* 154, gen. 21, tab. 22.
{ Bromus. *Koel.* 209, gen. 22, t. 23.
{ Festuca. *Koel.* 247, gen. 23, t. 24.
Festuca. *Ludw.* gen. 1052. *Lam.* pl.
46. *Hall.* 2, p. 213. *Juss.* pag. 32.
Vent. 2, p. 108, pl. 3, f. 3.
268. FICUS, *FIGUIER. Lin.* gen. 1613.
Syst. des plant. 4, pag. 299.
Figuier. *Tourn.* 511, pl. 420.
Ficus. *Tourn.* 662, tab. 420. *Ludw.*
gen. 1093. *Hall.* 2, p. 280. *Duham.*
1, p. 235. *Mill.* 429, t. 100. *Gaert.*
2, p. 66, t. 91, f. 7. *Lam.* pl. 861.
Juss. pag. 400. *Vent.* 3, pag. 525,
pl. 23, fig. 2.
269. FILAGO, *COTONNIÈRE. Lin.* g. 1345.
Syst. des plant. 3, pag. 627.
Herbe à coton. *Tourn.* 360, pl. 259.
Filago. *Tourn.* 454, tab. 259.
Evax. *Lam.* pl. 694.
{ Filago. *Vaill.* 1719, p. 296, g. 2,
{ pl. 20, fig. 6 et 7.
{ Gnaphalium. *Vaill.* 1719, p. 314,
{ gen. 5, pl. 20, fig. 9.
{ Filago. *Gaert.* 2, p. 404, t. 166, f. 8.
{ Evax. *Gaert.* 2, p. 393, t. 163, f. 5.

{ Elichrysum. *Vent.* 2, p. 513, pl.
{ 12, fig. 5.
{ Filago. *Vent.* 2, p. 513, pl. 12,
{ fig. 5.
{ Antennaria. *Vent.* 2, p. 515, pl.
{ 12, fig. 5.
{ Evax. *Vent.* 2, p. 516, pl. 12,
{ fig. 5.
Filago. *Ludw.* gen. 391. *Hall.* 1,
pag. 63. *Boiss.* 4.e liv. p. et pl. 571.
Juss. pag. 179.
270. FONTINALIS, *FONTINALE. L. g.* 1655.
Syst. des plant. 4, pag. 350.
Fontinalis. *Dill.* musc. p. 5, gen. 9,
tab. 33.
Hypnum. *Hall.* 3, pag. 26.
Fontinalis. *Ludw.* gen. 1213. *Lam.*
pl. 873. *Juss.* p. 11. *Vent.* 2, p. 51,
pl. 2, f. 1. *Brid.* 1, p. 177, g. 32,
t. 4, f. 33; et 4, p. 157. *Swartz*,
p. 71, g. 21. *Hedw.* fund. 2, p. 96,
g. 24, t. 9, f. 53, 54 et 55. – Musc.
3, pag. 32, tab. 12.
271. FRAGARIA, *FRAISIER. Lin.* g. 865.
Syst. des plant. 2, pag. 364.
Fraisier. *Tourn.* 245, pl. 152.
Fragaria. *Tourn.* 295, tab. 152.
Ludw. gen. 808. *Hall.* 2, pag. 44.
Gaert. 1, p. 350, t. 73, f. 8. *Lam.*
pl. 442. *Mirb.* 13, pag. 145 et 153.
Boiss. 11.e liv. p. et pl. 352. *Juss.*
pag. 338. *Vent.* 3, p. 347, pl. 21,
fig. 2.
272. FRANKENIA, *FRANKÉNE. L. g.* 604.
Syst. des plant. 2, pag. 76.
Morgeline. *Tourn.* 208, pl. 126.
Alsine. *Tourn.* 242, tab. 126.
Franca. *Mich.* p. 23, tab. 22. *Ludw.*
gen. 722.
Frankenia. *Lam.* pl. 262. *Boiss.* 9.e
liv. pag. et pl. 265. *Juss.* pag. 303.
Vent. 3, p. 249, pl. 17, f. 2.
273. FRAXINUS, *FRÊNE. Lin.* gen. 1597.
Syst. des plant. 4, pag. 289.
Frêne. *Tourn.* 448, pl. 343.
Fraxinus. *Tourn.* 577, tab. 343.
{ Fraxinus. *Mich.* 225, tab. 107.
{ Ornus. *Mich.* 222, tab. 103.
Fraxinus. *Ludw.* gen. 1148. *Hall.* 1,

pag. 228. *Duham.* 1, p. 247. *Mill.*
427, tab. 99. *Gaert.* 1, p. 222, tab.
49, f. 1. *Lam.* pl. 858. *Juss.* p. 105.
Vent. 2, p. 309, pl. 8, f. 6.

274. FRITILLARIA, *FRITILLAIRE. Lin.
gen.* 559.
Syst. des plant. 2, pag. 34.
{ Fritillaire. *Tourn.* 300, pl. 201.
{ Couronne Impériale. *Tourn.* 299,
{   pl. 197 et 198.
{ Fritillaria. *Tourn.* 376, tab. 201.
{ Corona Imperialis. *Tourn.* 372,
{   tab. 197 et 198.
{ Fritillaria. *Juss.* pag. 48.
{ Imperialis. *Juss.* pag. 49.
{ Fritillatia. *Vent.* 2, p. 169, pl. 4,
{   fig. 4.
{ Imperialis. *V.* 2, p. 169, pl. 4, f. 4.
Fritillaria. *Ludw. gen.* 905. *Hall.* 2,
pag. 115. *Gaert.* 1, p. 63, tab. 17,
f. 1. *Lam.* pl. 245. *Boiss.* 6.e liv. p.
et pl. 247. *Batsch*, 1, fasc. 1, p. 20,
tab. 3, fig. 5.

275. FUCUS, *VAREC. Lin. gen.* 1671.
Syst. des plant. 4, pag. 395.
{ Fucus. *Tourn.* 443, pl. 334, 335
{   et 336.
{ Alga. *Tourn.* 444, pl. 337.
{ Coralline. *Tourn.* 444, pl. 338.
{ Fucus. *Tourn.* 565, tab. 334, 335
{   et 336.
{ Alga. *Tourn.* 569, tab. 337.
{ Corallina. *Tourn.* 570, tab. 338.
Gongolaria. *Ludw gen.* 1248.
Fucus. *Mill.* 438, tab. 103. *Lam.*
pl. 880. *Mirb.* 4, p. 135, 141 et 153.
Juss. pag. 6. *Vent.* 2, p. 30, pl. 1,
f. 5. *Réaum.* mém. de l'acad. 1711,
pag. 282, tab. 9, 10 et 11.

276. FUMARIA, *FUMETERRE. L. g.* 1154.
Syst. des plant. 3, pag. 266.
{ Fumeterre. *Tourn.* 334, pl. 237.
{ Capnoides. *Tourn.* 335, pl. 237.
{ Fumaria. *Tourn.* 421, tab. 237.
{ Capnoides. *Tourn.* 423, tab. 237.
{ Fumaria. *Gaert.* 2, p. 161, t. 115,
{   fig. 2.
{ Capnoides. *Gaert.* 2, p. 163, tab.
{   115, fig. 3.

Corydalis. *Dill.* gen. p. 129, tab. 7.
Fumaria. *Ludw. gen.* 609. *Hall.* 1,
pag. 149. *Mill.* 346, tab. 60. *Lam.*
pl. 597. *Boiss.* 2.e liv. p. et pl. 473.
Juss. pag. 237. *Vent.* 3, p. 94, pl.
15, fig. 1.

277. FUNARIA, *FUNAIRE. Lin. gen.* 1650.
Bryum. Syst. des plant. 4, pag. 356.
Bryum. *Dill.* gen. p. 85, t. 2. –Musc.
6, gen. 11, tab. 44 à 53.
Mnium. *Hall.* 3, pag. 50.
Koelreutera. *Hedw.* fund. pag. 95,
gen. 21, tab. 10, fig. 58 et 60.
{ Koelreutera. *Brid.* 1, pag. 172,
{   gen. 26, tab. 4, fig. 27.
{ Funaria. *Brid.* 4, pag. 118.

G

278. GALANTHUS, *GALANTHE. L. g.* 547.
Syst. des plant. 2, pag. 12.
Percenége. *Tourn.* 306, pl. 208.
Narcisso-Leucoium. *Tourn.* 387, t.
208.
Galanthus. *Ludw. gen.* 909. *Hall.* 2,
pag. 123. *Lam.* pl. 230. *Mirb.* 7,
pag. 17 et 24. *Boiss.* 4.e liv. p. et pl.
238. *Batsch*, 1, fasc. 1, p. 7, pl. 2,
f. 2. *Juss.* pag. 55. *Vent.* 2, p. 181,
pl. 4, fig. 5.

279. GALEGA, *GALÉGA. Lin. gen.* 1206.
Syst. des plant. 3, pag. 354.
Galega. *Tourn.* 317, pl. 222.
Galega. *Tourn.* 398, tab. 222.
Ludw. gen. 639. *Hall.* 1, pag. 171.
Lam. pl. 625. *Juss.* p. 339. *Vent.* 3,
pag. 413, pl. 22, fig. 1.

280. GALEOPSIS, *GALÉOPSIDE. L. g.* 972.
Syst. des plant. 3, pag. 37.
Galeopsis. *Tourn.* 153, pl. 86.
Galeopsis. *Tourn.* 185, tab. 86.
{ Galeopdolon. *Dill.* g. p. 103, t. 4.
{ Tetrabit. *Dill.* g. p. 103, t. 3 et 4.
Galeopsis. *Ludw. gen.* 272. *Hall.* 1,
p. 116. *Lam.* pl. 506. *Juss.* p. 114.
Vent. 2, p. 338, pl. 9, f. 3.

281. GALIUM, *CAILLELAIT. Lin. g.* 162.
Syst. des plant. 1, pag. 181.
Caillelait.

{ Caillelait. *Tourn.* 93, pl. 39.
{ Grateron. *Tourn.* 93, pl. 39.
{ Croiséte. *Tourn.* 94, pl. 39.
{ Gallium. *Tourn.* 114, tab. 39.
{ Aparine. *Tourn.* 114, tab. 39.
{ Cruciata. *Tourn.* 115, tab. 39.
Gallium. *Ludw. gen.* 13. *Juss.* pag. 196. *Mirb.* 10, pag. 277.
Galium. *Hall.* 1, p. 314. *Gaert.* 1, pag. 109, t. 24, f. 1. *Lam.* pl. 60. *Boiss.* 12.e liv. p. et pl. 79. *Batsch*, 1, fasc. 2, p. 27, t. 13, f. 24. *Vent.* 2, pag. 566, pl. 13, fig. 1.

282. GARIDELLA, *GARIDELLE. L. g.* 778.
Syst. des plant. 2, pag. 251.
Garidella. *Tourn.* 655, tab. 430. *Ludw. gen.* 797. *Gaert.* 2, p. 174, t. 118, f. 2. *Lam.* pl. 379. *Boiss.* 7.^e liv. pag. et pl. 320. *Juss.* pag. 233. *Vent.* 3, p. 61, pl. 13, f. 5.

283. GENISTA, *GENÊT. Lin. gen.* 1167.
Syst. des plant. 3, pag. 283.
{ Genet. *Tourn.* 503, pl. 411.
{ Spartium. *Tourn.* 504, pl. 412.
{ Genistella. *Tourn.* 506, pl. 413.
{ Genista-Spartium. *Tourn.* 505, pl. 412.
{ Citise. *Tourn.* 507, pl. 416.
{ Genista. *Tourn.* 643, tab. 411.
{ Spartium. *Tourn.* 644, tab. 412.
{ Genistella. *Tourn.* 646, tab. 413.
{ Genista-Spartium. *Tourn.* 645, tab. 412.
{ Cytisus. *Tourn.* 647, tab. 416.
Spartium. *Ludw. gen.* 619. *Duham.* 2, pag. 275.
Genista. *Hall.* 1, p. 152. *Gaert.* 2, p. 329, t. 151, f. 6. *Lam.* pl. 619. *Juss.* pag. 353. *Vent.* 3, pag. 388, pl. 22, fig. 1.

284. GENTIANA, *GENTIANE. Lin. g.* 450.
Syst. des plant. 1, pag. 430.
{ Gentiane. *Tourn.* 95, pl. 40.
{ Petite Centaurée. *T.* 102, pl. 48.
{ Gentiana. *Tourn.* 80, tab. 40.
{ Centaurium minus. *T.* 122, t. 48.
Gentiana. *Ludw. gen.* 146. *Hall.* 1, pag. 282. *Gaert.* 2, p. 159, t. 114, f. 6. *Lam.* pl. 109. *Mirb.* 9, p. 212.

Boiss. 11.e liv. p. et pl. 177. *Juss.* p. 141. *Vent.* 2, p. 413, pl. 10, f. 5.

285. GERANIUM, *BEC-DE-GRUE. Lin. gen.* 1118.
Syst. des plant. 3, pag. 217.
Bec de Grue. *Tourn.* 232, pl. 142.
Geranium. *Tourn.* 266, tab. 142. *Ludw. gen.* 821. *Hall.* 1, pag. 402. *Gaert.* 1, p. 383, t. 79, f. 5. *Mill.* 340, t. 57. *Batsch*, 1, fasc. 2, pag. 14, t. 12, f. 22. *Boiss.* 8.e liv. p. et pl. 464. *Juss.* p. 268. *Lam.* pl. 573. *Mirb.* 12, p. 147. *Vent.* 3, p. 172, pl. 17, fig. 2.

286. GEROPOGON, *GÉROPOGONE. Lin. gen.* 1228.
Syst. des plant. 3, pag. 419.
Geropogon. *Gaert.* 1, p. 374, tab. 160, f. 5. *Lam.* pl. 646. *Boiss.* 9.e liv. pag. et pl. 509. *Juss.* pag. 170. *Vent.* 2, p. 490, pl. 12, f. 3.

287. GEUM, *BENOITE. Lin. gen.* 867.
Syst. des plant. 2, pag. 372.
Benoite. *Tourn.* 244, pl. 151.
Caryophyllata. *Tourn.* 294, t. 151. *Ludw. gen.* 809.
Geum. *Hall.* 2, pag. 52. *Gaert.* 1, p. 351, t. 74, f. 1. *Lam.* pl. 443. *Boiss.* 6.^e liv. p. et pl. 355. *Juss.* p. 338. *Vent.* 3, p. 348, pl. 21, f. 2.

288. GLADIOLUS, *GLAYEUL. Lin. g.* 77.
Syst. des plant. 1, pag. 75.
Glaieul. *Tourn.* 293, pl. 190.
Gladiolus. *Tourn.* 365, tab. 190. *Ludw. gen.* 259. *Hall.* 2, pag. 130. *Gaert.* 1, p. 31, t. 11, f. 4. *Lam.* pl. 32. *Mirb.* 7, p. 48. *Boiss.* 11.e liv. p. et pl. 32. *Juss.* p. 58. *Vent.* 2, p. 193, pl. 4, fig. 6.

289. GLAUX, *GLAUCE. Lin. gen.* 408.
Syst. des plant. 1, pag. 392.
Glaux. *Tourn.* 120, pl. 60.
Glaux. *Tourn.* 88, tab. 60. *Ludw. gen.* 76. *Lam.* pl. 141. *Juss.* p. 333. *Vent.* 3, p. 305, pl. 20, f. 3.

290. GLECHOMA, *GLÉCHOME. L. g.* 970.
Syst. des plant. 3, pag. 34.
Calament. *Tourn.* 162, pl. 92.
Calamintha. *Tourn.* 193, tab. 92.

Chamæclema. *Ludw. g.* 299. *Hall.*
1, pag. 107.
Glechoma. *Lam.* pl. 505. *Boiss.*
11.e liv. p. et pl. 394. *Juss.* p. 113.
Vent. 2, p. 337, pl. 9, f. 3.

291. GLOBULARIA , *GLOBULAIRE. Lin.
gen.* 146.
Syst. des plant. 1, pag. 164.
Globulaire. *Tourn.* 371, pl. 265.
Globularia. *Tourn.* 466, tab. 265.
Alypum. *Dill.* gen. p. 161, tab. 13.
Globularia. *Duham.* 1, pag. 269.
Ludw. gen. 377. *Hall.* 1, pag. 94.
Gaert. 1, p. 211, t. 44, f. 11. *Lam.*
pl. 56. *Boiss.* 11.e liv. p. et pl. 74.
Juss. pag. 97. *Vent.* 4, pag. 12.

292. GLYCYRRHIZA , *REGLISSE. Lin. g.*
1197.
Syst. des plant. 3, pag. 335.
Reglisse. *Tourn.* 309, pl. 210.
Glycyrrhiza. *Tourn.* 389, tab. 210.
Ludw. gen. 656. *Gaert.* 2, p. 319,
t. 148, f. 6. *Lam.* pl. 625. *Juss.* p.
359. *Vent.* 3, p. 413, pl. 22, f. 1.

293. GNAPHALIUM , *IMMORTELLE. Lin.
gen.* 1282.
Syst. des plant. 3, pag. 507.
Immortelle. *Tourn.* 359, pl. 259.
Elychrysum. *Tourn.* 452, tab. 259.
Helichrysum. *Vaill.* 1719, p. 290,
g. 1, pl. 20, f. 2, 14, 37 ou 38 et 21.
Filago. *Hall.* 1, pag. 63.
{ Elychrysum. *Lam.* pl. 693.
{ Anaxeton. *Lam.* pl. 692.
{ Gnaphalium. *Gaert.* 2, pag. 391,
   tab. 165, fig. 2.
{ Elichrysum. *Gaert.* 2, pag. 404,
   tab. 166, fig. 7.
{ Antennaria. *Gaert.* 2, pag. 410,
   tab. 167, fig. 3.
{ Elichrysum. *Vent.* 2, p. 513, pl.
   12, fig. 5.
{ Filago. *Vent.* 2, p. 513, pl. 12,
   fig. 5.
{ Argyrocome. *Vent.* 2, p. 514, pl.
   12, fig. 5.
{ Antennaria. *Vent.* 2, pl. 515, pl.
   12, fig. 5.

Gnaphalium *Ludw. gen.* 403. *Juss.*
pag. 179. *Boiss.* 4.e liv. pag. et pl.
546.

294. GRATIOLA , *GRATIOLE. Lin. gen.* 37.
Syst. des plant. 1, pag. 34.
Digitale. *Tourn.* 134, pl. 73.
Digitalis. *Tourn.* 165, tab. 73.
Gratiola. *Ludw. gen.* 251. *Hall.* 1,
p. 142. *Gaert.* 1, p. 251, t. 53, f. 11.
Lam. pl. 16. *Juss.* p. 121. *Vent.* 2,
pag. 363, pl. 9, fig. 4.

295. GRIMMIA , *GRIMMIE. Lin. g.* 1642.
{ Bryum. Syst. des plant. 4, p. 356.
{ Fontinalis. Syst. des pl. 4, p. 350.
Sphagnum. *Dill.* gen. p. 86, tab. 2.
- Musc. p. 5, gen. 8, tab. 32.
Hypnum. *Hall.* 3, pag. 26.
{ Grimmia. *Swartz*, p. 27, gen. 8.
{ Weissia. *Swartz*, pag. 25, gen. 7.
Grimmia. *Hedw.* fund. 2, pag. 89,
g. 8, t. 7, f. 35 et 36. - Musc. 1, p.
102, t. 38. *Brid.* 1, p. 155, gen. 8,
t. 2, f. 10; et 2, p. 56.

296. GYMNOSTOMUM , *GYMNOSTOME. L.
gen.* 1638.
{ Bryum. Syst. des plant. 4, p. 356.
{ Phascum. Syst. des pl. 4, p. 350.
Bryum. *Dill.* gen. pag. 85, tab. 2.
- Musc. p. 6, g. 11, t. 44 à 53. *Hall.*
3, pag. 42.
Gymnostomum. *Hedw.* fund. 2, p.
87, gen. 4, tab. 7, f. 31. - Musc. 1,
p. 13, t. 5. *Brid.* 1, p. 152, g. 4,
t. 1, f. 5; et t. 2, p. 36. *Swartz*, 19,
gen. 3.

297. GYPSOPHYLA , *GYPSOPHYLE. Lin.
gen.* 768.
Syst. des plant. 2, pag. 229.
{ Œillet. *Tourn.* 279, pl. 174.
{ Lychnis. *Tourn.* 280, pl. 175.
{ Caryophyllus. *Tourn.* 329, t. 174.
{ Lychnis. *Tourn.* 333, tab. 175.
Saponaria. *Ludw. gen.* 746. *Hall.* 1,
pag. 393.
Gypsophyla. *Lam.* pl. 375. *Boiss.*
1.re liv. p. et pl. 313. *Juss.* p. 301.
Vent. 3, p. 244, pl. 17, f. 2.

H

298. Hedera, *Lierre. Lin. gen.* 395.
Syst. des plant. 1 , pag. 381.
{ Lierre. *Tourn.* 486 , pl. 384.
{ Vigne. *Tourn.* 486 , pl. 384.
{ Hedera. *Tourn.* 612 , tab. 384.
{ Vitis. *Tourn.* 613 , tab. 384.
Hedera. *Ludw. gen.* 695. *Duham.*
1 , p. 289. *Hall.* 1 , p. 368. *Gaert.* 1 ,
pag. 130 , t. 26 , f. 9. *Lam.* pl. 145.
Juss. pag. 214. *Vent.* 2 , pag. 606 ,
pl. 13 , fig. 2.

299. Hedysarum, *Sainfoin. L. g.* 1204.
Syst. des plant. 3 , pag. 345.
{ Hedysarum. *Tourn.* 320 , pl. 225.
{ Sainfoin. *Tourn.* 310 , pl. 211.
{ Hedysarum. *Tourn.* 401 , tab. 225
{ Onobrychis. *Tourn.* 390 , tab. 211.
{ Alhagi. *Tourn.* Cor. 54 , tab. 489.
{ Hedysarum. *Gaert.* 2 , pag. 346 ,
     tab. 155 , fig. 5.
{ Onobrychis. *Gaert.* 2 , pag. 318 ,
     tab. 148 , fig. 5.
{ Hedysarum. *Hall.* 1 , pag. 171.
{ Onobrychis. *Hall.* 1 , pag. 172.
Hedysarum. *Ludw. gen.* 649. *Lam.*
pl. 628. *Juss.* p. 362. *Vent.* 3 , pag.
423 , pl. 22 , fig. 1.

300. Heliotropium , *Héliotrpe. Lin.
gen.* 239.
Syst. des plant. 1 , pag. 249.
Herbe aux verrues. *Tourn.* 115 ,
pl. 57.
Heliotropium. *Tourn.* 138 , tab. 57.
Ludw. gen. 66. *Hall.* 1 , pag. 262.
Gaert. 1 , p. 329 , t. 68 , f. 2. *Lam.*
pl. 91. *Boiss.* 11.ᵉ liv. p. et pl. 104.
Juss. pag. 130. *Vent.* 2 , pag. 387 ,
pl. 10 , fig. 1.

301. Helleborus , *Hellebore. Lin.
gen.* 956.
Syst. des plant. 2 , pag. 464.
Ellebore. *Tourn.* 235 , pl. 144.
Helleborus. *Tourn.* 271 , tab. 144.
Ludw. gen. 812. *Hall.* 2 , pag. 83.
Gaert. 1 , p. 310 , t. 65 , f. 2. *Lam.*
pl. 499. *Murb.* 11 , pag. 160 et 184.

Boiss. 2.ᵉ liv. pag. et pl. 383 *Juss.*
p. 233. *Vent.* 3 , p. 60 , pl. 13 , t. 5.

302. Helvella, *Helvelle. L. g.* 1679.
Syst. des plant. 4 , pag. 416.
{ Boletus. *Hall.* 3 , pag. 133.
{ Agaricum. *Hall.* 3 , pag. 134.
{ Helvella. *Lam.* pl. 885.
{ Auricularia. *Lam.* pl. 886.
Fungoïdaster. *Mich.* 200 , tab. 82.
Auricularia. *Bull.* 1 , p. 277 , g. 15 ,
pl. 290.
Helvela. *Gled.* 36 , gen. 3 , tab. 2.
Elvela. *Ludw. gen.* 1230.
Helvella. *Juss.* pag. 4. *Vent.* 2 , pag.
21 , pl. 1 , fig. 4.

303. Hemerocallis, *Hémérocalle. L.
gen.* 585.
Syst. des plant. 2 , pag. 64.
Lis-Asfodele. *Tourn.* 286 , pl. 179.
Lilio-Asphodelus. *Tour.* 344. t. 179.
Hemerocallis. *Ludw. g.* 900. *Gaert.*
2 , p. 14 , t. 83 , f. 2. *Lam.* pl. 234.
Juss. pag. 54. *Vent.* 2 , pag. 174 ,
pl. 4 , fig. 4.

304. Heracleum, *Berce. Lin. gen.* 477.
Syst. des plant. 1 , pag. 466.
Berce. *Tourn.* 270 , pl. 170.
Sphondylium. *Tourn.* 319 , t. 170.
Ludw. gen. 848. *Hall.* 1 , pag. 360.
Gaert. 1 , pag. 86 , tab. 21 , fig. 4.
Heracleum. *Lam.* pl. 200. *Juss.* p.
222. *Vent.* 3 , p. 23 , pl. 13 , f. 4.

305. Herniaria, *Herniaire. L. g.* 434.
Syst. des plant. 1 , pag. 414.
Herniole. *Tourn.* 407 , pl. 288.
Herniaria. *Tourn.* 507 , tab. 288.
Ludw. gen. 973. *Hall.* 2 , pag. 255.
Lam. pl. 180. *Juss.* p. 89. *Vent.* 2 ,
pag. 268 , pl. 7 , fig. 4.

306. Hesperis, *Julienne. Lin. g.* 1093.
Syst. des plant. 3 , pag. 188.
{ Julienne. *Tourn.* 189 , pl. 108.
{ Turritis. *Tourn.* 190.
{ Hesperis. *Tourn.* 222 , tab. 108.
{ Turritis. *Tourn.* 223.
Hesperis. *Ludw. gen.* 536. *Hall.* 1 ,
p. 195. *Lam.* pl. 564. *Juss.* p 238.
Vent. 3 , p. 102 , pl. 15 , f. 2.

307. Hibiscus, *Hibisque. Lin. g.* 1139.

Syst. des plant. 3 , pag. 249.
Ketmia. *Tourn.* 83 , pl. 26.
Ketmia. *Tourn.* 99 , t. 26. *Duham.*
1 , p. 329. *Ludw. gen.* 216.
Hibiscus. *Gaert.* 2 , p. 250, t. 134,
fig. 6 ; et 135 , f. 4. *Lam.* pl. 584.
Boiss. 2.ᵉ liv. pag. et pl. 472. *Juss.*
pag. 273. *Vent.* 3 , p. 187, pl. 17,
fig. 3.

308. HIERACIUM, *EPERVIÈRE. L. g.* 1238.
Syst. des plant. 3 , pag. 436.
   { Hieracium. *Tourn.* 373, pl. 267.
   { Dent de Lion. *Tourn.* 373, pl. 266.
   { Hieracium. *Tourn.* 469, tab. 267.
   { Dens leonis. *Tourn.* 468, t. 266.
   { Hieracium. *Vaill.* 1721 , p. 182,
      gen. 1 , pl. 7 et 8 , f. 54, 3 , 46 ,
      49, 57, 58, 59, 60 et 61.
   { Pilosella. *Vaill.* 1721 , pag. 180,
      gen. 6 , pl. 8 , fig. 57.
Hieracium. *Ludw. gen.* 436. *Hall.*
1 , p. 14. *Gaert.* 2 , p. 360, t. 158 ,
f. 3. *Lam.* pl. 652. *Mrb.* 10, p. 81
et 93. *Juss.* p. 169. *Vent.* 2 , p. 485,
pl. 12, fig. 3.

309. HIPPOCREPIS, *HIPPOCRÉPIDE. Lin.*
gen. 1200.
Syst. des plant. 3 , pag. 341.
Fer de Cheval. *Tourn.* 319 , pl. 225.
Ferrum Equinum. *Tourn.* 400, tab.
225. *Hall.* 1 , pag. 170.
Hippocrepis. *Ludw. gen.* 648. *Lam.*
pl. 630. *Juss.* pag. 361. *Vent.* 3 ,
pag. 422, pl. 22, fig. 1.

310. HIPPOPHAE, *ARGOUSIER. L. g.* 1509.
Syst. des plant. 4 , pag. 196.
Rhamnoïdes. *Tourn. Cor.* 52, t. 481.
Rhamnoides. *Duham.* 2 , pag. 211.
Hippophaë. *Ludw. gen.* 1162. *Hall.*
2, p. 278. *Gaert.* 1 , p. 199 , t. 42,
f. 5. *Lam.* pl. 808. *Boiss.* 6 ᵉ liv. p.
et pl. 633. *Juss.* pag. 75. *Vent.* 2 ,
p. 233, pl. 6, fig. 3.

311. HIPPURIS, *PESSE. Lin. gen.* 15.
Syst. des plant. 1 , pag. 10.
Limnopeuce. *Vaill.* 1719 , pag. 14 ,
gen. 3 , pl. 1 , t. 3. *Ludw. gen.* 1182.
Hall. 2 , pag 264.
Hippuris. *Gaert.* 2 , p. 24, tab. 84,

---

fig. 7. *Lam.* pl. 5. *Boiss.* 12.ᵉ liv.
p. et pl. 2. *Mrb.* 5 , p. 197. *Juss.*
pag. 18. *Vent.* 2 , p. 218, pl. 6 , f. 1.

312. HOLCUS, *HORQUE. Lin. gen.* 1565.
Syst. des plant. 4 , pag. 257.
Millet. *Tourn.* 416 , pl. 298.
Milium. *Tourn.* 514, tab. 298.
Avena. *Hall.* 2 , pag. 227.
   { Blumenbachia. *Koel.* p. 28, g. 4 ,
     tab. 5.
   { Avena. *Koel.* p. 276 (bis) , g. 26 ,
     tab. 27.
Holcus. *Ludw. gen.* 1065. *Gaert.* 2 ,
p. 2, t. 80, f. 2. *Lam.* pl. 838. *Juss.*
pag. 30. *Vent.* 2 , p. 101 , pl. 3, f. 3.

313. HOLOSTEUM, *HOLOSTE. Lin. g.* 136.
Syst. des plant. 1 . pag. 149.
Morgeline. *Tourn.* 208, pl. 126.
Alsine. *Tourn.* 242 , t. 126. *Ludw.*
gen. 753. *Hall.* 1 , pag. 386.
Holosteum. *Dill.* gen. p. 130, t. 6.
Gaert. 2 , p. 231 , t. 130, f. 5. *Lam.*
pl. 51. *Boiss.* 12.ᵉ liv. pag. et pl. 69.
Juss. pag. 299. *Vent.* 3 , pag. 237,
pl. 17, fig. 2.

314. HORDEUM , *ORGE. Lin. gen.* 129.
Syst. des plant. 1 , pag. 142.
Orge. *Tourn.* 414 , pl. 295.
Hordeum. *Tourn.* 513 , tab. 295.
Ludw. gen. 1044. *Hall.* 2 , pag. 246.
Gaert. 2 , p. 10 , t. 81 , f. 3. *Lam.*
pl. 49. *Koel.* p. 316 , gen. 29 , t. 30.
Juss. p. 32. *Vent.* 2 , p. 106 , pl. 3 ,
fig. 3.

315. HORMINUM , *HORMIN. Lin. g.* 983.
(sub Melissa.)
Syst. des plant. 3 , pag. 64.
Melisse. *Tourn.* 162 , pl. 91.
Melissa. *Tourn.* 193 , tab. 91.
Horminum. *Ludw. gen.* 305. *Hall.*
1 , p. 106. *Lam.* pl. 515. *Juss.* pag.
116. *Vent.* 2 , p. 345 , pl. 9, f. 3.

316. HOTTONIA, *HOTTONE. Lin. g.* 265.
Syst. des plant. 1 , pag. 278.
Stratiotes. *Vaill.* 1719, p. 20, g. 6,
pl. 1 , fig. 4.
Hottonia. *Ludw. gen.* 75. *Hall.* 1 ,
p. 279. *Lam.* pl. 100. *Juss.* pag. 95.
Vent. 2 , p. 287, pl. 8, f. 2.

317. HUMULUS, *HOUBLON. Lin. g.* 1523.
Syst. des plant. 4, pag. 206.
Houblon. *Tourn.* 427, pl. 309.
Lupulus. *Tourn.* 535, tab. 309.
Ludw. gen. 1164. *Hall.* 2, p. 290.
Gaert. 1, p. 358, t. 75, f. 2.
Humulus. *Mill.* 405, tab. 88. *Lam.*
pl. 815. *Juss.* p. 404. *Vent.* 3, pag.
535, pl. 23, fig. 2.

318. HYACINTHUS, *HYACINTHE. Lin.*
gen. 577.
Syst. des plant. 2, pag. 56.
{ Jacinthe. *Tourn.* 287, pl. 180.
{ Muscari. *Tourn.* 287, pl. 180.
{ Hyacinthus. *Tourn.* 344, t. 180.
{ Muscari. *Tourn.* 347, tab. 180.
{ Hyacinthus. *Ludw. gen.* 171.
{ Muscari. *Ludw. gen.* 172.
Hyacinthus. *Hall.* 2, p. 120. *Gaert.*
1, p 37, t. 12, f. 4. *Lam.* pl. 238.
Juss. pag. 52. *Vent.* 2, pag. 173,
pl. 4, fig. 4.

319. HYDNUM, *HYDNE. Lin. gen.* 1676.
Syst. des plant. 4, pag 414.
{ Agaricum. *Mich.* 117, t. 64, ord. 6.
{ Erinaceus. *Mich.* 132, tab. 72,
{   fig. 1, 2, 3, 4, 5, 6, 7 et 8.
Erinaceus. *Dill.* gen. p. 74, pl. 1.
Echinus. *Hall.* 3, p. 148.
Hydna. *Ludw. gen.* 1225.
Hydnum. *Lam.* pl. 883. *Bull.* 301,
pl. 481. *Mirb.* 4, p. 90. *Juss.* p. 4.
Vent. 2, p 22, pl. 1, fig. 4.

320. HYDROCHARIS, *MORENE. Lin. gen.*
1535.
Syst. des plant. 4, pag. 220.
Morsus Ranæ. *Tourn.* Mém. de
l'Acad. 1705, pag. 237, pl. 4.
Morsus Ranæ. *Dill.* gen. p. 149, t. 9.
Hydrocharis. *Ludw. g.* 1147. *Hall.*
2, pag. 21. *Lam.* pl. 820. *Juss.* p. 67.
Vent. 2, p. 214, pl. 6, fig 1.

321. HYDROCOTYLE, *HYDROCOTYLE. L.*
gen. 457.
Syst. des plant. 1, pag. 440.
Hydrocotyle. *Tourn.* 278, pl. 173.
Hydrocotyle. *Tourn.* 328, tab. 173.
Ludw. gen. 836. *Hall.* 1, pag. 361.
Gaert. 1, p. 95, t. 22, f. 5. *Lam.*

pl. 188. *Juss.* p. 226. *Vent.* 3, pag.
36, pl. 13, fig. 4.

322. HYOSCYAMUS, *JUSQUIAME. Lin.*
gen. 333.
Syst. des plant. 1, pag. 335.
Jusquiame. *Tourn.* 97, pl. 42.
Hyoscyamus. *Tourn.* 117, tab. 42.
Ludw. gen. 365. *Hall.* 1, pag. 253.
Gaert. 1, p. 369, t. 75, f. 8. *Lam.*
pl. 117. *Boiss.* 3.ᵉ liv. pag. et pl 143.
Juss. pag. 124. *Vent.* 2, pag. 368,
pl. 9, fig. 5.

323. HYOSERIS, *HYOSÉRE. Lin. g.* 1242.
Syst. des plant. 3, pag. 448.
{ Hedypnois. *Tourn.* 380, pl. 271.
{ Dent de lion. *Tourn.* 373, pl. 266.
{ Hedypnois. *Tourn.* 478, tab. 271.
{ Dens leonis. *Tourn.* 468, t. 266.
{ Taraxaconastrum. *Vaill.* 1721, p.
{   179, gen. 3, pl. 7 et 8, fig. 40,
{   45, 31, 32 et 24.
{ Rhagadioloides. *Vaill.* 1721, pag.
{   201, g. 9, pl. 7, f. 29 et 30.
{ Hedypnois. *Juss.* pag. 169.
{ Hyoseris. *Juss.* pag. 169.
{ Hyoseris. *Lam.* pl. 654.
{ Hedypnois. *Lam.* pl. 654.
{ Hyoseris. *Gaert.* 2, p. 372, tab.
{   160, fig. 2.
{ Hedypnois. *Gaert.* 2, pag. 373,
{   tab. 160, fig. 3.
{ Arnoseris. *Gaert.* 2, pag. 355,
{   tab. 157, fig. 3.
{ Hedypnois. *Vent.* 2, pag. 486,
{   pl. 12, fig. 3.
{ Arnoseris. *Vent.* 2, p. 486, pl. 12,
{   fig. 3.
{ Hyoseris. *Vent.* 2, p. 487, pl. 12,
{   fig. 3.
Leontodontoïdes. *Mich.* p. 31, t. 28.
Lapsana. *Hall.* 1, pag. 3.
Hyoseris. *Dill.* gen. p. 144, tab. 8.
Ludw. gen. 429.

324. HYPECOUM, *SILIQUIER. L. g.* 228.
Syst. des plant. 1, pag. 222.
Hypecoon. *Tourn.* 197, pl. 115.
Hypecoon. *Tourn.* 230, tab. 115.
Hypecoum. *Ludw. gen.* 606. *Gaert.*
2, p. 164, t. 115, t. 4. *Lam.* pl. 88.

Juss. pag. 236. *Vent.* 3, pag. 94, pl. 15, fig. 1.

325. HYPERICUM, *MILLEPERTUIS. Lin. gen.* 1224.

Syst. des plant. 3, pag. 397.

{ Millepertuis. *Tourn.* 221, pl. 131.
{ Toute-saine. *Tourn.* 217, pl. 128.
{ Ascyrum. *Tourn.* 223, pl. 131.

{ Hypericum. *Tourn.* 254, tab. 131.
{ Androsæmum. *Tourn.* 251, t. 128.
{ Ascyrum. *Tourn.* 256, tab. 131.

{ Hypericum. *Duham.* 1, pag. 299.
{ Androsæmum. *Duham.* 1, p. 53.
{ Ascyrum. *Duham.* 1, pag. 81.

{ Hypericum. *Vent.* 3, pag. 143, pl. 16, fig. 1.
{ Ascyrum. *Vent.* 3, pag. 142, pl. 16, fig. 1.
{ Androsæmum. *Vent.* 3, pag. 144, pl. 16, fig. 1.

{ Ascyrum. *Juss.* pag. 254.
{ Hypericum. *Juss.* pag. 255.

{ Hypericum. *Ludw. gen.* 795.
{ Androsæmum. *Ludw. gen.* 796.

Androsæmum. *Gaert.* 1, pag. 282, tab. 59, fig. 2.

Hypericum. *Hall.* 2, pag. 4. *Mill.* 356, tab. 65. *Lam.* pl. 643. *Murb.* 12, pag. 37. *Boiss.* 2.ᵉ liv. pag. et pl. 508.

326. HYPNUM, *HYPNE. Lin. gen.* 1656.

Syst. des plant. 4, pag. 361.

Mousse. *Tourn.* 438, pl. 326.

Muscus. *Tourn.* 550, pag. 326.

{ Hypnum. *Hedw.* fund. 2, p. 94, g. 18. – Musc. 3, p. 59, t. 25.
{ Leskia. *Hedw.* fund. 93, g. 17, t. 10, f. 62, 63 et 65. – Musc. 4, pag. 1, tab. 1.
{ Pteriginandum. *Hedw.* musc. 4, pag. 16, tab. 6.
{ Hedwigia. *Hew.* fund. 2, p. 86, g. 3. – Musc. 3, p. 29, t. 11.
{ Fissidens. *Hedw.* fund. 2, p. 91, g. 12, t. 8, f. 45 et 46. – Musc. 2, pag. 88, tab. 32.

{ Hypnum. *Swartz*, p. 52, g. 18.
{ Pterogonium. *Swartz*, pag. 26, gen. . . . .

{ Hypnum. *Brid* 1, p. 169, g. 23, t. 3, f. 24; et t. 3, p. 49.
{ Leskia. *Brid.* 1, p. 168, gen. 22, t. 3, f 23; et t. 3, p. 34.
{ Pteriginandum. *Brid.* 1, p. 156, g. 9, t. 1, f. 9; et t. 2, p. 62.
{ Hedwigia. *Brid.* 1, p. 151, g. 3, t. 1, f. 3 et 4; et t. 2, p. 30.
{ Fissidens. *Brid.* 1, p. 162, g. 16, t. 2, f. 17; et t. 2, p. 139.

Hypnum. *Dill.* gen. p. 85, tab. 1. – Musc. 5, gen. 10, tab. 34 à 43. *Ludw. gen.* 1214. *Hall.* 3, pag. 26. *Lam.* pl. 874. *Juss.* p. 11. *Vent.* 2, pag. 51, pl. 2, fig. 1.

327. HYPOCHÆRIS, *HYPOCHÉRIDE. Lin. gen.* 1246.

Syst. des plant. 3, pag. 451.

Hieracium. *Tourn.* 373, pl. 267.

Hieracium. *Tourn.* 469, tab. 267.

{ Hippochæris. *Gaert.* 2, pag. 374, tab. 160, fig. 4.
{ Achyrophorus. *Gaert.* 2, p. 370, tab. 159, fig. 6.

Hypochæris. *Vaill.* 1721, pag. 214, gen. 3, pl. 7, fig. 28 et 21. *Ludw. gen.* 446. *Hall.* 1, pag. 2. *Lam.* pl. 656. *Juss.* pag. 170. *Vent.* 2, pag. 491, pl. 12, fig. 3.

328. HYSSOPUS, *HYSOPE. Lin. gen.* 963.

Syst. des plant. 3, pag. 21.

{ Hisope. *Tourn.* 169, pl. 95.
{ Crapaudine. *Tourn.* 159, pl. 90.

{ Hyssopus. *Tourn.* 200, tab. 95.
{ Sideritis. *Tourn.* 191, tab. 90.

Hyssopus. *Duham.* 1, pag. 303. *Ludw. gen.* 306. *Hall.* 1, pag. 109. *Lam.* pl. 502. *Boiss.* 1.ʳᵉ liv. pag. et pl. 389. *Juss.* pag. 113. *Vent.* 2, pag. 333, pl. 9, fig. 3.

I

329. IBERIS, *IBÉRIDE. Lin. gen.* 1080.

Syst. des plant. 3, pag. 163.

{ Thlaspi. *Tourn.* 181, pl. 101.
{ Cresson. *Tourn.* 182, pl. 102.
{ Thlaspidium. *Tourn.* 183, pl. 101.

Syst. des plant. 4 , pag. 344.
Calamaria. *Ludw. gen.* 1239. *Dill.*
musc. pag. 10, append tab. 80.
Isoetes. *Juss.* p. 17. *Lam* pl. 862.

339. ISOPYRUM, *ISOPYRE. Lin. gen.* 955.
Syst. des plant. 2, pag. 463.
Thalictrum. *Tourn.* 234, pl. 143.
Thalictrum. *Tourn.* 270, tab. 143.
Helleborus. *Ludw. gen.* 812. *Lam.*
pl. 499.
Isopyrum. *Hall.* 2, pag. 83. *Gaert.*
1, p. 312, t. 65, f. 5. *Juss.* p. 233.
Vent. 3, pag. 60, pl. 13, fig. 5.

340. IXIA, *IXIE. Lin. gen.* 76.
Syst. des plant. 1, pag. 74.
Safran. *Tourn.* 289, pl. 183 et 184.
Crocus. *Tourn.* 350, tab. 183 et 184.
Ixia. *Ludw. gen.* 891. *Gaert.* 1, pag.
40, t. 13, f. 3. *Lam.* pl. 31. *Juss.*
p. 58. *Vent.* 2, p. 192, pl. 4, f. 6.

J

341. JASIONE, *JASIONE. Lin. gen.* 1362.
Syst. des plant. 3, pag. 637.
Réponce. *Tourn.* 92, pl. 38.
Rapunculus. *Tourn.* 113, tab. 38.
Hall. 1, pag. 303.
Jasione. *Ludw. gen.* 101. *Gaert.* 1,
p. 149, tab. 30, f. 5. *Lam.* pl. 724.
Juss. pag. 166. *Vent.* 2, pag. 475,
pl. 12, fig. 2.

342. JASMINUM, *JASMIN. Lin. gen.* 22.
Syst. des plant. 1, pag. 18.
Jasmin. *Tourn.* 470, pl. 368.
Jasminum. *Tourn.* 597, tab. 368.
Ludw. gen. 5. *Hall.* 1, pag. 229.
Duham. 1, p. 309. *Gaert.* 1, pag.
196, t. 42, f. 1. *Lam.* pl. 7. *Batsch,*
1, fasc. 2, p. 9, t. 11, f. 21. *Juss.*
p. 106. *Vent.* 2, p. 314, pl. 9, f. 1.

343. JUGLANS, *NOYER. Lin. gen.* 1446.
Syst. des plant. 4, pag. 127.
Noyer. *Tourn.* 452, pl. 346.
Nux. *Tourn.* 581, t. 346. *Duham.*
2, pag. 49.
Juglans. *Ludw. gen.* 1123. *Hall.* 2,
p. 294. *Mill.* 391, t. 81. *Gaert.* 2,
p. 50, tab 89, f. 1. *Lam.* pl. 781.

Boiss. 10.ᵉ liv. pag. et pl. 613. *Juss.*
p. 375. *Vent.* 3, p. 457, pl. 22, f. 2.

344. JUNCUS, *JONC. Lin. gen.* 590.
Syst. des plant. 2, pag. 66.
Jonc. *Tourn.* 212, pl. 127.
Juncus. *Tourn.* 246, tab. 127.
{ Juncus. *Mich.* 37, tab. 31.
{ Juncoides. *Mich.* 41, tab. 31.
Juncus. *Ludw. gen.* 986. *Hall.* 2,
pag. 166. *Gaert.* 1, p. 53, tab. 15,
fig. 5. *Lam* pl. 250. *Boiss.* 5.ᵉ liv.
pag. et pl. 262. *Juss.* p. 44. *Vent.* 2,
pag. 152, pl. 4, fig. 2.

345. JUNGERMANNIA , *JUNGERMANNE.*
Lin. gen. 1662.
Syst. des plant. 4, pag. 368.
Lichenastrum. *Dill.* gen. pag. 172,
tab. 16.
Lichenastrum. *Dill.* musc. pag. 9,
gen. 19, tab. 69 à 74.
{ Marsilea. *Mich.* 5, tab. 4.
{ Jungermannia. *Mich.* 6, tab. 5.
{ Muscoides. *Mich.* 9, tab. 6.
Jungermannia. *Ludw. gen.* 1219.
Hall. 3, pag. 57. *Lam.* pl. 875.
Mirb. 4, p. 169 et 206. *Juss.* p. 8.
Vent. 2, pag. 40, pl. 1, fig. 6.

346. JUNIPERUS, *GENEVRIER. Lin. gen.*
1552.
Syst. des plant. 4, pag. 229.
{ Genevrier. *Tourn* 461, pl. 361.
{ Cedre. *Tourn.* 461, pl. 361.
{ Juniperus. *Tourn.* 588, tab. 361.
{ Cedrus. *Tourn.* 588, tab. 361.
{ Juniperus. *Duham.* 1, pag. 321.
{ Cedrus. *Duham.* 1, pag. 139.
{ Sabina. *Duham.* 2, pag. 241.
Juniperus. *Ludw. gen.* 1159. *Hall.*
2, p. 319. *Gaert.* 2, p. 62, t. 91,
f. 3. *Lam.* pl. 829. *Mill.* 419, t. 95.
Mirb. 15, pag. 14. *Juss.* pag. 413.
Vent. 3, pag. 579, pl. 24, fig. 2.

K

347. KOENIGIA, *KOENIGE. Lin. gen.* 137.
Syst. des plant. 1, pag. 150.
Koenigia. *Gaert.* 2, p. 212, t. 128,
f. 3. *Lam.* pl. 51. *Boiss.* 9.ᵉ liv. pag.

et pl. 70. *Juss.* pag. 83. *Vent.* 2,
pag. 253, pl. 7, fig. 2.

L

348. LACTUCA, *LAITUE. Lin.* gen. 1234.
Syst. des plant. 3, pag. 428.
Laitue. *Tourn.* 375, pl. 267.
Lactuca. *Tourn.* 473, tab. 267.
Vaill. 1721, p. 198, gen. 7, pl. 7,
t. 17. *Ludw.* gen. 440. *Hall.* 1, p. 7.
Gaert. 2, p. 361, t. 158, t. 5. *Lam.*
pl. 649. *Juss.* p. 169. *Vent.* 2, pag.
484, pl. 12, fig. 3.
349. LAGOECIA, *LAGOECIE. Lin. g.* 399.
Syst. des plant. 1, pag. 384.
Cuminoides. *Tourn.* 250, pl. 155.
Cuminoides. *Tourn.* 300, tab. 155.
Lagoecia. *Ludw.* gen. 671. *Gaert.* 1,
p. 103, tab. 23, f. 3. *Lam.* pl. 142.
Juss. pag. 227.
350. LAGURUS, *LAGURIER. Lin.* gen. 123.
Syst. des plant. 1, pag. 137.
{ Calamagrostis. *Koel.* 100, g. 13,
  tab. 14.
{ Lagurus. *Koel.* 113, g. 14, t. 15.
Lagurus. *Ludw.* gen. 1036. *Gaert.* 1,
p. 3, t. 1, f. 5. *Lam.* pl. 41. *Juss.*
p. 30. *Vent.* 2, p. 99, pl. 3, f. 3.
351. LAMIUM, *LAMIE. Lin.* gen. 971.
Syst. des plant. 3, pag. 35.
Lamium. *Tourn.* 151, pl. 85.
Lamium. *Tourn.* 183, tab. 85.
Papia. *Mich.* 20, tab. 17.
Lamium. *Ludw.* gen. 271. *Hall.* 1,
p. 118. *Lam.* pl. 506. *Juss.* p. 113.
Vent. 2, pag. 337, pl. 9, fig. 3.
352. LAPSANA, *LAPSANE. Lin.* gen. 1247.
Syst. des plant. 3, pag. 452.
{ Lampsana. *Tourn.* 381, pl. 272.
{ Rhagadiolus. *Tourn.* 381, pl. 272.
{ Zacintha. *Tourn.* 377, pl. 269.
{ Lampsana. *Tourn.* 479, tab. 272.
{ Rhagadiolus. *Tourn.* 479, t. 272.
{ Zacintha. *Tourn.* 476, tab. 269.
{ Lampsana. *Lam.* pl. 655.
{ Rhagadiolus. *Lam.* pl. 655.
{ Lampsana. *Juss.* pag. 168.
{ Rhagadiolus. *Juss.* pag. 168.

{ Lampsana. *Vaill.* 1721, p. 210,
  g. 1, pl. 8, f. 47 ou 48 et 8.
{ Rhagadiolus. *Vaill.* 1721, p. 211,
  g. 2, pl. 7 et 8, f. 1, 47, 33, 37, 38.
{ Zacintha. *Vaill.* 1721, p. 201, g. 8,
  pl. 7 et 8, f. 48, 27, 33, 36, 35
  et 34.
{ Lapsana. *Gaert.* 2, p. 353, t. 157,
  fig. 1.
{ Rhagadiolus. *Gaert.* 2, pag. 354,
  tab. 157, fig. 2.
{ Zacintha. *Gaert.* 2, p. 358, tab.
  157, fig. 7.
{ Lampsana. *Vent.* 2, p. 482, pl. 12,
  fig. 3.
{ Rhagadiolus. *Vent.* 2, pag. 483,
  pl. 12, fig. 3.
Lampsana. *Ludw.* gen. 426.
Lapsana. *Hall.* 1, pag. 3.
353. LASERPITIUM, *LASER Lin.* gen. 476.
Syst. des plant. 1, pag. 463.
{ Laserpitium. *Tourn.* 274, pl. 172.
{ Angélique. *Tourn.* 262, pl. 167.
{ Livéche. *Tourn.* 273, pl. 171.
{ Laserpitium. *Tourn.* 324, t. 172.
{ Angelica. *Tourn.* 313, tab. 167.
{ Ligusticum. *Tourn.* 323, tab. 171.
{ Laserpitium. *Gaert.* 2, pag. 31,
  tab. 85, fig. 5.
{ Siler. *Gaert.* 1, p. 92, t. 22, f. 1.
Laserpitium. *Ludw.* gen. 866. *Hall.*
1, p. 352. *Lam.* pl. 199. *Juss.* pag.
222. *Vent.* 3, p. 23, pl. 13, f. 4.
354. LATHRÆA, *CLANDESTINE. Lin.*
gen. 1000.
Syst. des plant. 3, pag. 81.
Clandestina. *Tourn.* 652, tab. 424.
Clandestina. *Ludw.* gen. 310.
Squamaria. *Hall.* 1, pag. 130.
Lathræa. *Gaert.* 1, p. 242, tab. 52,
f. 3. *Lam.* pl. 551. *Juss.* pag. 102.
Vent. 2, pag 294, pl. 8, fig. 3.
355. LATHYRUS, *GESSE. Lin.* gen. 1186.
Syst. des plant. 3, pag. 317.
{ Gesse. *Tourn.* 314, pl. 216 et 217.
{ Clymenum. *Tourn.* 315, pl. 218.
{ Aphaca. *Tourn.* 318, pl. 223.
{ Lathyrus. *Tour.* 394, t. 216 et 217.
{ Clymenum. *Tourn.* 396, t. 218.

{ Aphaca. *Tourn.* 399, tab. 223.
{ Nissolia. *Tourn.* 656.
Lathyrus. *Ludw. gen.* 631. *Hall.* 1,
p. 187. *Gaert.* 2, p. 330, t. 152, f. 1.
Lam. pl. 632. *Mill.* 350, tab. 62.
Juss. pag. 359. *Vent.* 3, pag. 415,
pl. 22, fig. 1.

356. LAVANDULA, *LAVANDE*. *L. g.* 965.
Syst. des plant. 3, pag. 25.
{ Lavande. *Tourn.* 166, pl. 93.
{ Stæchas. *Tourn.* 169, pl. 95.
{ Lavandula. *Tourn.* 198, tab. 93.
{ Stæchas. *Tourn.* 201, tab. 95.
{ Lavandula. *Duham.* 1, pag. 341.
{ Stæchas. *Duham.* 2, pag. 285.
Lavandula. *Ludw. gen.* 300. *Hall.*
1, pag. 101. *Lam.* pl. 504. *Boiss.*
12.ᵉ liv. pag. et pl. 391. *Juss. g.* 113.
Vent. 2, pag. 335, pl. 9, fig. 3.

357. LAVATERA, *LAVATERE*. *L. g.* 1133.
Syst. des plant. 3, pag. 244.
{ Mauve. *Tourn.* 80, pl. 23 et 24.
{ Guimauve. *Tourn.* 81.
{ Malva. *Tourn.* 94, tab. 23 et 24.
{ Althæa. *Tourn.* 97.
Lavatera. *Dill. gen.* pag. 155, t. 10.
Ludw. gen. 210. *Gaert.* 2, p. 256,
t. 136, f. 2. *Lam.* pl. 582. *Boiss.*
8.ᵉ liv. pag. et pl. 469. *Juss.* p. 272.
Vent. 3, pag. 183, pl. 17, fig. 3.

358. LAURUS, *LAURIER*. *Lin. gen.* 688.
Syst. des plant. 2, pag. 155.
Laurier. *Tourn.* 470, pl. 367.
Laurus. *Tourn.* 597, tab. 367.
Duham. 1, p. 349. *Ludw. gen.* 188.
Hall. 2, p. 277. *Gaert.* 2, p. 68, t. 92,
f. 2. *Lam.* pl. 321. *Mirb.* 7, p. 277.
Juss. p. 80. *Vent.* 2, p. 246, pl. 7; f. 1.

359. LEDUM, *LEDE*. *Lin. gen.* 744.
Syst. des plant. 2, pag. 206.
Ledum. *Ludw. gen.* 740. *Gaert.* 2,
p. 145, t. 112, f. 9. *Lam.* pl. 363.
Juss. pag. 159. *Vent.* 2, pag. 455,
pl. 11, fig. 4.

360. LEMNA, *LEMNE*. *Lin. gen.* 1400.
Syst. des plant. 4, pag. 73.
Lenticula. *Dill.* gen. p. 118, tab. 6.
Ludw. gen. 1238. *Juss.* p. 19. *Vent.*
4, pag. 8.

Hydrophace. *Hall.* 3, pag. 68.
{ Lenticula. *Mich.* 15, tab. 11.
{ Lenticularia. *Mich.* 15, tab. 11.
Lemna. *Lam.* pl. 747.

361. LEONTICE, *LEONTICE*. *Lin. g.* 571.
Syst. des plant. 2, pag. 48.
Leontopetalon. *Tourn.* Coroll. 49,
tab. 484. *Ludw. gen.* 893.
Leontice. *Lam.* pl. 254. *Juss.* pag.
287. *Vent.* 3, p. 85, pl. 14, f. 4.

362. LEONTODON, *DENT-DE-LION*. *Lin.*
gen. 1237.
Syst. des plant. 3, pag. 433.
{ Dent de Lion. *Tourn.* 373, pl. 266.
{ Hieracium. *Tourn.* 373, pl. 267.
{ Dens Leonis. *Tourn.* 468, t. 266.
{ Hieracium. *Tourn.* 469, tab. 267.
{ Dens Leonis. *Vaill.* 1721, p. 176,
   g. 1, pl. 7 et 8, f. 50 et 12.
{ Taraxaconoïdes. *Vaill.* 1721, pag.
   178, g. 2, pl. 7, f. 21.
{ Leontodon. *Gaert.* 2, pag. 363,
   tab. 158, fig. 7.
{ Virea. *Gaert.* 2, p. 365, t. 159, f. 3.
{ Taraxacum. *Juss.* pag. 169.
{ Leontodon. *Juss.* pag. 170.
{ Taraxacum. *Vent.* 2, pag. 487,
   pl. 12, fig. 3.
{ Leontodon. *Vent.* 2, p. 488, pl.
   12, fig. 3.
{ Rhagadiolus. *Hall.* 1, pag. 4.
{ Taraxacum. *Hall.* 1, pag. 23.
{ Picris. *Hall.* 1, pag. 11.
Taraxacum. *Ludw. gen.* 439.
Leontodon. *Mill.* 358, t. 66. *Lam.*
pl. 653.

363. LEONURUS, *AGRIPAUME*. *L. g.* 977.
Syst. des plant. 3, pag. 47.
Agripaume. *Tourn.* 155, pl. 87.
Cardiaca. *Tourn.* 186, tab. 87.
Hall. 1, pag. 119.
Leonurus. *Ludw. gen.* 276. *Lam.*
pl. 509. *Boiss.* 3.ᵉ liv. p. et pl. 401.
Juss. pag. 114. *Vent.* 2, pag. 340,
pl. 9, fig. 3.

364. LEPIDIUM, *PASSE-RAGE*. *L. g.* 1077.
Syst. des plant. 3, pag. 154.
{ Passerage. *Tourn.* 184, pl. 103.
{ Cresson. *Tourn.* 182, pl. 102.

{ Lepidium. *Tourn.* 215, tab. 103.
{ Nasturtium. *Tourn.* 213, t. 102.
{ Nasturtium. *Vent.* 3, pag. 110,
  pl. 15, fig. 2.
{ Lepidium. *Vent.* 3, pag. 111, pl.
  15, fig. 2.

Lepidium. *Ludw. gen.* 548. *Gaert.*
2, p. 281, tab. 141, f. 5. *Hall.* 1,
p. 222. *Lam.* pl. 556. *Boiss.* 2.e liv.
p. et pl. 440. *Juss.* pag. 241.

365. LESKIA, *LESKIE. Lin. gen.* 1657.
Hypnum. *Syst. des plant.* 4, p. 361.
Hypnum. *Dill. gen.* p. 85, tab. 1.
- Musc. 5, gen. 10, t. 34 à 44. *Hall.*
3, pag. 26.
Leskia. *Hedw.* fund. 2, p. 93, gen.
17, t. 10, f. 62, 63 et 65. - Musc. 1,
p. 33, t. 12. *Brid.* 1, p. 168, g. 22,
t. 3, f. 23; et t. 3, p. 34. *Swartz*,
67, gen. 19.

366. LEUCOÏUM, *LEUCOIE. Lin. gen.* 548.
Syst. des plant. 2, pag. 13.
Percenége. *Tourn.* 306, pl. 208.
Narcisso-Leucoium. *Tourn.* 387,
tab. 208.
Galanthus. *Hall.* 2, pag. 124.
Leucoium. *Ludw. gen.* 908. *Lam.*
pl. 230. *Boiss.* 4.e liv. p. et pl. 239.
Batsch, 1, fasc. 1, p. 12, t. 2, f. 3.
Juss. pag. 55. *Vent.* 2, pag. 181,
pl. 4, fig. 5.

367. LICHEN, *LICHEN. Lin. gen.* 1668.
Syst. des plant. 4, pag. 377.
{ Lichen. *Tourn.* 437, tab. 325.
{ Coralloides. *Tourn.* 442, t. 332.
{ Lichen. *Tourn.* 548, tab. 325.
{ Coralloides. *Tourn.* 564, t. 332.
{ Lichen. *Hedw.* musc. 2, p. 5, t. 1.
{ Endocarpon. *Hedw.* musc. 2, p.
  56, t. 20, A.
{ Lichen. *Dill. gen.* p. 78, tab. 1.
{ Usnea. *Dill.* musc. p. 2, gen. 4,
  tab. 11, 12 et 13.
{ Coralloïdes. *Dill.* musc. pag. 2,
  gen. 5, tab. 14, 15, 16 et 17.
{ Lichenoïdes. *Dill.* musc. pag. 2,
  gen. 6, tab. 18 à 31.
Variolaria. *Bull.* 181, pl. 492.
Lichenoïdes. *Ludw. gen.* 1205.

{ Lepronchus. *Vent.* 2, pag. 32,
  pl. 1, fig. 5.
{ Lepropinacia. *Vent.* 2, pag. 33,
  pl. 1, fig. 5.
{ Geissodea. *Vent.* 2, p. 33, pl. 1,
  fig. 5.
{ Platyphyllum. *Vent.* 2, pag. 34,
  pl. 1, fig. 5.
{ Dermatodea. *Vent.* 2, pag. 34,
  pl. 1, fig. 5.
{ Capnia. *Vent.* 2, pag. 85, pl. 1,
  fig. 5.
{ Scyphiphorus. *Vent.* 2, pag. 35,
  pl. 1, fig. 5.
{ Thamnium. *Vent.* 2, p. 35, pl. 1,
  fig. 5.
{ Usnea. *Vent.* 2, pag. 36, pl. 1,
  fig. 5.

Lepraria. *Achar.* trib. 2, pag. 5.
Verrucaria. *Achar.* trib. 2, p. 13.
Opegrapha. *Achar.* trib. 3, p. 19.
Variolaria. *Achar.* trib. 4, p. 27.
Urceolaria. *Achar.* trib. 5, p. 30.
Patellaria. *Achar.* trib. 6, p. 36.
Boeomyces. *Achar.* trib. 7, p. 81.
Calicium. *Achar.* trib. 8, p. 83.
Isidium. *Achar.* trib. 9, p. 87.
Psoroma. *Achar.* trib. 10, p. 91.
Placodium. *Achar.* trib. 11, p. 100.
Imbricaria. *Achar.* trib. 12, p. 107.
Collema. *Achar.* trib. 13, p. 125.
Endocarpon. *Achar.* tr. 14, p. 140.
Umbilicaria. *Achar.* tr. 15, p. 144.
Lobaria. *Achar.* trib. 16, p. 152.
Sticta. *Achar.* trib. 17, p. 156.
Peltidea. *Achar.* trib. 18, p. 159.
Platisma. *Achar.* trib. 19, p. 167.
Physcia. *Achar.* trib. 20, p. 170.
Scyphophorus. *Ach.* tr. 21, p. 183.
Helopodium. *Achar.* tr. 22, p. 198.
Cladonia. *Achar.* trib. 23, p. 201.
Stereocaulon. *Achar.* tr. 24, p. 208.
Sphærophorus. *Ach.* tr. 25, p. 210.
Cornicularia. *Achar.* tr. 26, p. 212.
Setaria. *Achar.* trib. 27, p. 219.
Usnea. *Achar.* trib. 28, p. 223.

Lichen. *Mich.* 73, t. 36 à 55. *Hall.*
3, p. 70. *Lam.* pl. 878. *Mich.* 4, p.
131 et 169. *Juss.* pag. 7.

368. Ligusticum, *Livèche. Lin. g.* 478.
Syst. des plant. 1, pag. 467.
{ Livèche. *Tourn.* 273, pl. 171.
Ciculaire. *Tourn.* 272, pl. 171.
Persil. *Tourn.* 254, pl 160.
Angélique. *Tourn.* 262, pl. 167.
{ Ligusticum. *Tourn.* 323, tab. 171.
Cicularia. *Tourn.* 322, tab. 171.
Apium. *Tourn.* 305, tab. 160.
Angelica. *Tourn.* 313, tab. 167.
Ligusticum. *Ludw. gen.* 865. *Hall.*
1, p. 332. *Gaert.* 2, p. 28, t. 85,
f. 2. *Lam.* pl. 198. *Juss.* pag. 222.
Vent. 3, pag. 22, pl. 13, fig. 4.
369. Ligustrum, *Troéne. Lin. gen.* 23
Syst. des plant. 1, pag. 19.
Troéne. *Tourn.* 469, pl. 367.
Ligustrum. *Tourn.* 596, tab. 367.
Ludw. gen. 6. *Hall.* 1, pag. 230.
Duham. 1, p. 359. *Gaert.* 2, p. 72,
t. 92, f. 6. *Lam.* pl. 7. *Mirb.* 8, p.
148 et 216. *Juss.* p. 106. *Vent.* 2,
pag. 314, pl. 9, fig. 1.
370. Lilium, *Lis. Lin. gen.* 558.
Syst. des plant. 2, pag. 31.
Lis. *Tourn.* 297, pl. 195 et 196.
Lilium. *Tourn.* 369, tab. 195 et 196.
Ludw. gen. 901. *Hall.* 2, pag. 112.
Gaert. 2, p. 16, t. 83, f. 4. *Lam.*
pl. 246. *Mirb.* 6, pag. 266 et 274.
Juss. p. 49. *Vent.* 2, p. 170, pl. 4,
fig. 4.
371. Limosella, *Limoselle. L. g.* 1039.
Syst. des plant. 3, pag. 124.
Plantaginella. *Dill. g.* p. 113, t. 6.
Limosella *Ludw gen.* 320. *Hall.* 1,
pag. 132. *Gaert.* 1, p. 228, tab. 50,
f. 3. *Lam.* pl. 535. *Boiss.* 9.e liv.
p. et pl. 432. *Juss.* p. 96. *Vent.* 2,
pag. 354, pl. 9, fig. 4.
372. Lindernia, *Linderne. L. g.* 1031
Syst. des plant. 3, pag. 116.
Lindernia. *Lam.* pl. 522. *Juss.* pag.
122. *Vent.* 2, p. 385, pl. 9, f. 4.
373. Linnæa, *Linnée Lin. gen.* 1037.
Syst. des plant. 3, pag. 122.
Campanule. *Tourn.* 90. pl. 37.
Campanula. *Tourn.* 108, tab. 37.
Linnæa, *Hall.* 1, pag. 131. *Ludw.*

gen. 30. *Lam.* pl. 536. *Boiss.* 10.e
liv. pag. et pl. 430. *Juss.* pag. 211.
Vent. 2, pag. 595, pl. 13, fig. 2.
374. Linum, *Lin. Lin. gen.* 528.
Syst. des plant. 1, pag. 519.
{ Lin. *Tourn.* 282, pl. 176.
Campanule. *Tourn.* 90, pl. 37.
{ Linum. *Tourn.* 339, tab. 176.
Campanula. *Tourn.* 108, tab. 37.
Radiola. *Dill.* gen. p. 126, tab. 7.
Linocarpum. *Mich.* 22, tab. 21.
Linum. *Ludw. gen.* 719. *Hall.* 1,
pag. 373. *Gaert.* 2, p. 146, t. 112,
f. 11. *Lam.* pl. 219. *Mirb.* 13, pag.
2 et 22. *Juss.* p. 363. *Vent.* 3, pag.
250, pl. 17, fig. 2.
375. Lithospermum, *Grémil. L. g.* 241.
Syst. des plant. 1, pag. 251.
{ Grémil. *Tourn.* 113, pl. 55.
Buglosse. *Tourn.* 110, pl. 53.
{ Lithospermum. *Tourn.* 137, t. 55.
Buglossum. *Tourn.* 133, tab. 53.
Lithospermum. *Ludw. g* 63. *Hall.*
1, p. 263. *Gaert.* 1, p 327, t. 67,
f. 8. *Lam.* pl. 91. *Juss.* pag. 130.
Vent. 2, pag 389, pl. 10, fig. 1.
376. Littorella, *Littorelle. Lin.*
gen. 1415.
Syst. des plant. 4, pag. 96.
Plantain. *Tourn.* 103, pl. 48.
Plantago. *Tourn.* 126, tab. 48.
Littorella. *Lam.* pl. 758. *Mirb.* 8,
p. 85 et 89. *Juss.* p. 90. *Vent.* 2,
pag. 271, pl. 7, fig. 5.
377. Lobelia, *Lobelie. Lin. gen.* 1363.
Syst. des plant. 3, pag. 638.
{ Trachelium. *Tourn.* 106, pl. 50.
Rapuntium. *Tourn.* 107, pl. 51.
{ Trachelium. *Tourn.* 130, tab. 50.
Rapuntium *Tourn.* 163, tab. 51.
Laurentia. *Mich.* 18, tab. 14.
Rapuntium. *Gaert.* 1, p. 151, t. 30,
fig. 9.
Lobelia. *Plum.* 21, t. 31. *Ludw. g.*
362. *Mill.* 369, t. 71. *Lam.* pl. 724.
Juss. p. 165. *Vent.* 2, p. 474, pl.
12, fig. 2.
378. Loeflincia, *Loeflinge. L. g.* 71.
Syst. des plant. 1, pag. 71.

Loeflingia. *Gaert.* 2, p. 222, t. 129,
f. 5. *Ludw. gen.* 669. *Lam.* pl. 29.
Juss. p. 299. *Vent.* 3, p. 236, pl.
17, fig. 2.

379. LOLIUM, *IVRAIE. Lin. gen.* 126.
Syst. des plant. 1, pag. 139.
Lolium. *Ludw. gen.* 1053. *Hall.* 2,
p. 204. *Lam.* pl. 48. *Koel.* p. 359,
g. 34, t. 35. *Juss.* p. 31. *Vent.* 2,
pag. 105, pl. 3, fig. 3.

380. LONICERA, *CHÈVRE-FEUILLE. Lin.*
gen. 319.
Syst. des plant. 1, pag. 321.
{ Chèvre-feuille. *Tour.* 480, pl. 378.
{ Periclymenum. *Tour.* 481, pl. 378.
{ Chamæcerasus. *Tour.* 481, pl. 379.
{ Xylosteon. *Tourn.* 481, pl. 379.
{ Caprifolium. *Tourn.* 608, t. 378.
{ Periclymenum. *Tourn.* 608, t. 378.
{ Chamæcerasus. *Tourn.* 609, t. 379.
{ Xylosteon. *Tourn.* 609, t. 379.
{ Symphoricarpos. *Ludw. gen.* 108.
{ Caprifolium. *Ludw. gen.* 368.
{ Symphoricarpos. *Juss.* pag. 211.
{ Xylosteon. *Juss.* pag. 212.
{ Caprifolium. *Juss.* pag. 212.
{ Symphoricarpos. *Vent.* 2, p. 596,
{   pl. 13, fig. 2.
{ Xylosteon. *Vent.* 2, p. 597, pl.
{   13, fig. 2.
{ Caprifolium. *Vent.* 2, p. 598, pl.
{   13, fig. 2.
{ Caprifolium. *Duham.* 1, p. 123.
{ Periclymenum. *Duham.* 2, p. 101.
{ Chamæcerasus. *Duham.* 1, p. 153.
{ Xylosteum. *Duham.* 2, p. 373.
{ Symphoricarpos. *Duh.* 2, p. 295.
Diervilla. *Dill. gen.* p. 154, tab. 10.
Caprifolium. *Hall.* 1, pag. 300.
Gaert. 1, p. 135, t. 27, f. 6.
Lonicera. *Lam.* pl. 150.

381. LOTUS, *LOTIER. Lin. gen.* 1212.
Syst. des plant. 3, pag. 377.
{ Lotier. *Tourn.* 321, pl. 227.
{ Dorycnium. *Tourn.* 311, pl. 211.
{ Lotus. *Tourn.* 402, tab. 227.
{ Dorycnium. *Tourn.* 391, t. 211.
{ Dorycnium. *Hall.* 1, pag. 166.
{ Lotus. *Hall.* 1, pag. 167.

Lotus. *Ludw. gen.* 633. *Gaert.* 2,
p. 336, t. 153, f. 2. *Lam.* pl. 611.
Juss. pag. 356. *Vent.* 3, pag. 401,
pl. 22, fig. 1.

382. LUNARIA, *LUNAIRE. Lin. g.* 1085.
Syst. des plant. 3, pag. 171.
Bulbonac. *Tourn.* 187, pl. 105.
Lunaria. *Tourn.* 218, tab. 105.
Ludw. gen. 542. *Hall.* 1, pag. 216.
Mill. 334, t. 54. *Gaert.* 2, p. 288,
t. 142, f. 1. *Lam.* pl. 561. *Batsch*,
1, fasc. 2, p. 1, t. 11, f. 20. *Boiss.*
1.re liv. p. et pl. 448. *Juss.* p. 239.
Vent. 3, p. 106, pl. 15, f. 2.

383. LUPINUS, *LUPIN. Lin. gen.* 1176.
Syst. des plant. 3, pag. 302.
Lupin. *Tourn.* 312, pl. 213.
Lupinus. *Tourn.* 392, tab. 213.
Ludw. gen. 637. *Gaert.* 2, p. 324,
t. 150, f. 4. *Lam.* pl. 616. *Juss.* p.
354. *Vent.* 3, p. 391, pl. 22, f. 1.

384. LYCHNIS, *LAMPRETTE. Lin. g.* 796.
Syst. des plant. 2, pag. 268.
Lychnis. *Tourn.* 280, pl. 175.
Lychnis. *Tourn.* 333, tab. 175.
Ludw. gen. 757. *Hall.* 1, p. 399.
Gaert. 2, p. 229, t. 130, f. 2. *Lam.*
pl. 391. *Boiss.* 7.^e liv. p. et pl. 325.
Juss. p. 302. *Vent.* 3, p. 247, pl.
17, fig. 2.

385. LYCIUM, *LYCET. Lin. gen.* 343.
Syst. des plant. 1, pag. 352.
Jasminoides. *Dill. gen.* p. 159, t. 12.
Mich. 224, t. 105, f. 1 et 2. *Duham.*
1, pag. 305.
Cestrum. *Ludw. gen.* 134.
Lycium. *Gaert.* 2, p. 242, t. 132,
f. 2. *Lam.* pl. 112. *Boiss.* 7.^e liv. p.
et pl. 149. *Juss.* p. 126. *Vent.* 2, p.
375, pl. 9, fig. 5.

386. LYCOPERDON, *VESSE-LOUP. Lin.*
gen. 1683.
Syst. des plant. 4, pag. 419.
{ Vesse de Loup. *Tour.* 441, pl. 331.
{ Trufe. *Tourn.* 442, pl. 333.
{ Lycoperdon. *Tourn.* 563, t. 331.
{ Tubera. *Tourn.* 565, tab. 333.
{ Lycogala. *Hall.* 3, pag. 112.
{ Lycoperdon. *Hall.* 3, pag. 116.

{ Lycoperdon. *Mirb.* 4, pag. 58.
{ Tuber. *Mirb.* 4, pag. 38 et 41.
{ Tuber. *Bull.* 73, pl. 356.
{ Lycoperdon. *Bull.* 143, pl. 503.
{ Lycoperdon. *Hoffm.* 2, pag. 17, tab. 5, fig. 1.
{ Elvella. *Hoffm.* 2, p. 18, tab. 5, fig. 2.
{ Lycoperdon. *Juss.* pag. 3.
{ Tuber. *Juss.* pag. 3.
{ Tuber. *Vent.* 2, p. 12, pl. 1, f. 4.
{ Lycoperdon. *Vent.* 2, p. 16, pl. 1, fig. 4.
{ Lycoperdon. *Lam.* pl. 887.
{ Tuber. *Lam.* pl. 887.
{ Æcidium. *Lam.* pl. 889.
{ Lycogala. *Mich.* 215, t. 95, f. 2.
{ Tuber. *Mich.* 221, tab. 102.
{ Lycoperdon. *Mich.* 217, tab. 97.
{ Lycoperdoides. *Mich.* 219, t. 98.
{ Lycoperdastrum. *Mich.* 219, t. 99.
{ Geaster. *Mich.* 220, tab. 100.
{ Carpobolus. *Mich.* 221, tab. 101.
Lycoperdon. *Bail.* 64, t. 31. *Ludw.* gen. 1232. *Gledit.* p. 142, gen. 10, tab. 5 et 6.

387. LYCOPODIUM, *LYCOPODE. Lin.* gen. 1615.
Syst. des plant. 4, pag. 345.
Mousse. *Tourn.* 438, pl. 326.
Muscus. *Tourn.* 550, tab. 326.
Lycopodioides. *Ludw.* gen. 1209.
{ Lycopodium. *Dill.* gen. p. 87, t. 2.
— Musc. 8, g. 14, t. 58 à 65.
{ Selago. *Dill.* musc. 8, g. 13, t. 56, 57.
{ Lycopodioides. *Dill.* musc. 8, g. 17, tab. 65, 66 et 67.
{ Porella. *Dill.* musc. 8, g. 15, t. 68.
{ Selaginoides. *Dill.* musc. 8, gen. 16, tab. 68.
Lycopodium. *Hall.* 3, p. 19. *Lam.* pl. 872. *Mirb.* 4, p. 293. *Juss.* pag. 12. *Vent.* 2, p. 53, pl. 2, f. 1.

388. LYCOPSIS, *LYCOPSIDE. Lin.* g. 250.
Syst. des plant. 1, pag. 263.
Buglosse. *Tourn.* 110, pl. 53.
Buglossum. *Tourn.* 133, tab. 53.
Echioides. *Dill.* gen. p. 100, tab. 3.
Lycopsis. *Ludw.* gen. 360. *Hall.* 1,

p. 268. *Gaert.* 1, p. 327, t. 67, f. 9.
Lam. pl. 92. *Juss.* p. 131. *Vent.* 2, pag. 391, pl. 10, fig. 1.

389. LYCOPUS, *LYCOPE. Lin.* gen. 44.
Syst. des plant. 1, pag. 41.
Lycopus. *Tourn.* 159, pl. 89.
Lycopus. *Tourn.* 190, t. 89. *Ludw.* gen. 244. *Hall.* 1, p. 97. *Lam.* pl. 18. *Juss.* p. 111. *Vent.* 2, p. 327, pl. 9, fig. 3.

390. LYGEUM, *ALVARDE. Lin.* gen. 99.
Syst. des plant. 1, pag. 100.
Lygæum. *Ludw.* gen. 1064. *Lam.* pl. 39. *Juss.* pag. 33.

391. LYSIMACHIA, *LYSIMACHIE. Lin.* gen. 269.
Syst. des plant. 1, pag. 280.
Corneille. *Tourn.* 118, pl. 59.
Lysimachia. *Tourn.* 141, tab. 59.
Ludw. gen. 70. *Hall.* 1, pag. 278.
Gaert. 1, p. 229, t. 50, f. 4. *Lam.* pl. 101. *Juss.* p. 95. *Vent.* 2, p. 287, pl. 8, fig. 2.

392. LYTHRUM, *SALICAIRE. Lin.* g. 825.
Syst. des plant. 2, pag. 292.
Salicaire. *Tourn.* 220, pl. 129.
Salicaria. *Tourn.* 253, tab. 129.
Ludw. gen. 896. *Hall.* 1, p. 378.
Lythrum. *Gaert.* 1, p. 296, t. 62, f. 5. *Lam.* pl. 408. *Mirb.* 13, pag. 110. *Juss.* p. 332. *Vent.* 3, p. 302, pl. 20, fig. 3.

M

393. MALVA, *MAUVE. Lin.* gen. 1134.
Syst. des plant. 3, pag. 239.
{ Mauve. *Tourn.* 80, pl. 23 et 24.
{ Alcée. *Tourn.* 82, pl. 25.
{ Malva. *Tourn.* 94, tab. 23 et 24.
{ Alcea. *Tourn.* 97, tab. 25.
Malva. *Ludw.* gen. 207. *Hall.* 2, p. 21. *Gaert.* 2, p. 254, t. 136, f. 1.
Lam. pl. 582. *Mirb.* 12, pag. 175.
Juss. p. 272. *Vent.* 3, p. 182, pl. 17, fig. 3.

394. MARCHANTIA, *HÉPATIQUE. Lin.* gen. 1661.
Syst. des plant. 4, pag. 372.

{ Marchantia. *Mich.* 1, tab. 1.
{ Hepatica. *Mich.* 3, tab. 2.
{ Lunularia. *Mich.* 4, tab. 4.
Lichen. *Dill.* musc. p. 10, gen. 20,
tab. 75, 76 et 77.
Marchantia. *Ludw. g.* 1220. *Hall.*
3, p. 64. *Lam.* pl. 876. *Mirb.* 4,
p. 169 et 200. *Juss.* p. 9. *Vent.* 2,
pag. 41, pl. 1, fig. 6.

395. MARRUBIUM, *MARRUBE. L. g.* 976.
Syst. des plant. 3, pag. 44.
{ Marrube. *Tourn.* 160, pl. 91.
{ Faux Dictamne. *Tourn.* 157, pl.
{ 89.
{ Marrubium. *Tourn.* 192, tab. 91.
{ Pseudodictamnus. *Tourn.* 188,
{ tab. 89.
{ Marrubium. *Ludw. gen.* 294.
{ Pseudo-Dictamnus. *Ludw. g.* 295.
Marrubium. *Hall.* 1, p. 113. *Lam.*
pl. 508. *Juss.* p. 114. *Vent.* 2, pag.
340, pl. 9, fig. 3.

396. MARSILEA, *MARSILE. Lin. g.* 1618.
Syst. des plant. 4, pag. 343.
Salvinia. *Mich.* 107, tab. 58.
Lemna. *Hall.* 2, p. 281. *Mirb.* 5,
pag. 137.
{ Marsilea. *Lam.* pl. 863.
{ Salvinia. *Lam.* pl. 863.
{ Lemna. *Juss.* pag. 16.
{ Salvinia. *Juss.* pag. 16.
{ Lemna. *Vent.* 2, p. 69, pl. 2, f. 2.
{ Salvinia. *Vent.* 2, p. 70, pl. 2, f. 2.
Marsilea. *Ludw. gen.* 1242.

397. MATRICARIA, *MATRICAIRE. Lin.
gen.* 1308.
Syst. des plant. 3, pag. 569.
{ Matricaire. *Tourn.* 394, pl. 281.
{ Camomille. *Tourn.* 395, pl. 281.
{ Matricaria. *Tourn.* 493, tab. 281.
{ Chamæmelum. *Tourn.* 494, t. 281.
Matricaria. *Vaill.* 1720, pag. 283,
gen. 4. *Ludw. gen.* 449. *Hall.* 1,
p. 41. *Gaert.* 2, p. 420, t. 168, f. 2.
Lam. pl. 678, f. 2. *Juss.* pag. 183.
Vent. 2, pag. 547, pl. 12, fig. 5.

398. MEDICAGO, *LUZERNE. Lin. g.* 1214.
Syst. des plant. 3, pag. 383.
Medicago. *Tourn.* 327, pl. 231.

{ Luserne. *Tourn.* 327, pl. 231.
{ Melilot. *Tourn.* 324, pl. 229.
{ Medicago. *Tourn.* 412, tab. 231.
{ Medica. *Tourn.* 410, tab. 231.
{ Melilotus. *Tourn.* 406, tab. 229.
Medica. *Hall.* 1, pag. 165.
Medicago. *Ludw. gen.* 650. *Gaert.*
2, p. 348, t. 155, f. 7. *Lam.* pl. 612.
Juss. pl. 356. *Vent.* 3, pag. 399,
pl. 22, fig. 1.

399. MEESIA, *MÉESIE. Lin. gen.* 1653.
Bryum. *Dill.* gen. pag. 85, tab. 2.
— Musc. 6, g. 11, t. 44 à 53. *Hall.* 3,
pag. 42.
Meesia. *Hedw.* fund. 2, pag. 97,
g. 25, t. 9, f. 56 et 57. — Musc. 1,
p. 1, t. 1 et 2. *Brid.* 1, p. 178, gen.
33, tab. 4, f. 34; et t. 4, pag. 166.
Swartz, p. 43, g. 14.

400. MELAMPYRUM, *MÉLAMPYRE. Lin.
gen.* 999.
Syst. des plant. 3, pag. 79.
Melampyre. *Tourn.* 141, pl. 78.
Melampyrum. *Tourn.* 173, tab. 78.
Ludw. gen. 328. *Hall.* 1, pag. 133.
Gaert. 1, p. 244, t. 53, f. 1. *Lam.*
pl. 518. *Boiss.* 1.re liv. p. et pl. 419.
Juss. p. 101. *Vent.* 2, p. 300, pl. 8,
fig. 4.

401. MELICA, *MÉLIQUE. Lin. gen.* 113.
Syst. des plant. 1, pag. 118.
{ Melica. *Koel.* p. 136, g. 18, t. 19.
{ Molinia. *Koel.* p. 144, g. 19, t. 20.
Poa. *Hall.* 2, pag. 225.
Melica. *Ludw. gen.* 1039. *Gaert.* 2,
p. 5, t. 80, f. 4. *Lam.* pl. 44. *Mirb.*
6, p. 39. *Juss.* p. 31. *Vent.* 2, pag.
104, pl. 3, fig. 3.

402. MELISSA, *MÉLISSE. Lin. gen.* 983.
Syst. des plant. 3, pag. 59.
{ Melisse. *Tourn.* 162, pl. 91.
{ Calament. *Tourn.* 162, pl. 92.
{ Melissa. *Tourn.* 193, tab. 91.
{ Calamintha. *Tourn.* 193, tab. 92.
Melissa. *Ludw. gen.* 296. *Hall.* 1,
p. 105. *Lam.* pl. 512. *Juss.* p. 115.
Vent. 2, p. 344, pl. 9, f. 3.

403. MELITTIS, *MÉLITTE. Lin. gen.* 985.
Syst. des plant. 3, pag. 65.

Melisse. *Tourn.* 162, pl. 91.

Melissa. *Tourn.* 193, tab. 91.

Melissophyllum. *Hall.* 1, pag. 107.

Melittis. *Ludw. gen.* 297. *Mill.* 329, t. 52. *Lam.* pl. 513. *Boiss.* 1.re liv. p. et pl. 409. *Juss.* p. 116. *Vent.* 2, pag. 346, pl. 9, fig. 3.

404 MENTHA, *MENTHE. Lin. gen.* 967. Syst. des plant. 3, pag. 30. Mente. *Tourn.* 157, pl. 89. Mentha. *Tourn.* 188, tab. 89.
{ Mentha. *Ludw. gen.* 288.
{ Pulegium. *Ludw. gen.* 289.
Mentha. *Hall.* 1, p. 97. *Lam.* pl. 503. *Boiss.* 1.re liv. pag. et pl. 393. *Juss.* pag. 113. *Vent.* 2, pag. 336, pl. 9, fig. 3.

405. MENYANTHES, *MÉNYANTHE. Lin. gen.* 263.
Syst. des plant. 1, pag. 276.
{ Ménianthe. *Tourn.* 71, pl. 15.
{ Nymphoides. *Tourn.* 127, pl. 67.
{ Menyanthes. *Tourn.* 117, tab. 15.
{ Nymphoides. *Tourn.* 153, tab. 67.
{ Menyanthes. *Vent.* 2, pag. 412, pl. 10, fig. 5.
{ Nymphoides. *Vent.* 2, pag. 413, pl. 10, fig. 5.
Menyanthes. *Ludw. gen.* 82. *Hall.* 1, p. 279. *Gaert.* 2, p. 137, t. 114, f. 4. *Lam.* pl. 100. *Batsch*, 1, fasc. 1, p. 59, t. 7, f. 12. *Juss.* p. 98.

406. MERCURIALIS, *MERCURIELLE. Lin. gen.* 1534.
Syst. des plant. 4, pag. 218. Mercuriale. *Tourn.* 425, pl. 308. Mercurialis. *Tourn.* 534, tab. 308. *Ludw. gen.* 1177. *Hall.* 2, p. 276. *Gaert.* 2, p. 114, t. 107, f. 1. *Lam.* pl. 820. *Mill.* 411, t. 91. *Boiss.* 3.e liv. p. et pl. 643. *Juss.* p. 385. *Vent.* 3, pag. 485, pl. 22, fig. 4.

407. MESPILUS, *NEFLIER. Lin. gen.* 857.
Syst. des plant. 2, pag. 341. Neflier. *Tourn.* 502, pl. 410.
{ Mespilus. *Tourn.* 641, tab. 410.
{ Crataegus. *Tourn.* 633.
{ Mespilus. *Hall.* 2, pag. 30.
{ Pyrus. *Hall.* 2, pag. 34.

Sorbus. *Ludw. gen.* 794.

Mespilus. *Duham.* 2, p. 13. *Gaert.* 2, p. 43, t. 87, f. 1. *Lam.* pl. 436. *Juss.* p. 335. *Vent.* 3, p. 337, pl. 20, fig. 4.

408. MICROPUS, *MICROPE. Lin. g.* 1346.
Syst. des plant. 3, pag. 629. Gnaphalodes. *Tourn.* 348, pl. 261. Gnaphalodes. *Tourn.* 439, tab. 261. Micropus. *Ludw. gen.* 424. *Gaert.* 2, p. 389, t. 164, f. 3. *Lam.* pl. 694. *Boiss.* 9.e liv. pag. et pl. 572. *Juss.* p. 185. *Vent.* 2, p. 515, pl. 12, f. 5.

409. MILIUM, *MILLET. Lin. gen.* 110.
Syst. des plant. 1, pag. 112. Millet. *Tourn.* 416, pl. 298. Milium. *Tourn.* 514, tab. 298. Agrostis. *Lam.* pl. 41. Milium. *Ludw. gen.* 1034. *Hall.* 2, p. 243. *Koel.* p. 63, g. 9, t. 10. *Juss.* p. 29. *Vent.* 2, p. 98, pl. 3, f. 3.

410. MINUARTIA, *MINUARTE. L. g.* 140.
Syst. des plant. 1, pag. 152. Minuartia. *Ludw. gen.* 955. *Lam.* pl. 52. *Juss.* p. 300. *Vent.* 3, p. 238, pl. 17, fig. 2.

411. MNIUM, *MNIE. Lin. gen.* . . . . .
Syst. des plant. 4, pag. 353. Mousse. *Tourn.* 438, pl. 326. Muscus. *Tourn.* 550, tab. 326. Bryum. *Swartz*, 45, gen. 17.
{ Mnium. *Hedw.* fund. 2, p. 94, g. 20, t. 10, f. 67. – Musc. 1, p. 99, tab. 37.
{ Swartia. *Hedw.* musc. 2, p. 72.
{ Webera. *Hedw.* fund. 2, p. 95, g. 22. – Musc. 1, p. 5, t. 3.
{ Barbula. *Hedw.* fund. 2, p. 92, g. 15. – Musc. 1, p. 86, t. 32.
{ Koelreutera. *Hedw.* fund. 2, pag. 95, g. 21, t. 10, f. 58 et 60.
{ Mnium. *Brid.* 1, p. 171, g. 25, t. 4, f. 26; et t. 4, p. 73.
{ Swartia. *Brid.* 1, p. 161, g. 14, t. 2, f. 15; et t. 2, p. 117.
{ Webera. *Brid.* 1, p. 173, g. 27, t. 4, f. 28; et t. 4, p. 122.
{ Barbula. *Brid.* 1, p. 165, g. 19, t. 3, f. 19; et t. 2, p. 191.

Koelreutera.

'ſ Koelreutera. *Brid.* 1, p. 172, g.
{ 26, t. 4, f. 27; et 4, p. 118.
Mnium. *Dill.* gen. pag. 84, tab. 1.
- Musc. 5, g. 7, t. 31. *Ludw. gen.*
1211. *Hall.* 3, p. 50. *Lam.* pl. 875.
Juss. p. 11. *Vent.* 2, p. 52, pl. 2,
fig. 1.

412. MOEHRINGIA, *MOEHRINGE. Lin.*
gen. 676.
Syst. des plant. 2, pag. 140.
Morgeline. *Tourn.* 208, pl. 126.
Alsine. *Tourn.* 242, t. 126. *Hall.* 1,
pag. 381.
Moehringia. *Ludw. gen.* 573. *Gaert.*
2, p. 226, t. 129, f. 11. *Lam.* pl.
314. *Boiss.* 6.ᵉ liv. pag. et pl. 287.
Juss. p. 300. *Vent.* 3, p. 241, pl.
17, fig. 2.

413. MOMORDICA, *MOMORDIQUE. Lin.*
gen. 1477.
Syst. des plant. 4, pag. 158.
Pomme de Merveille. *Tourn.* 86,
pl. 29 et 30.
Mormordica. *Tour.* 103, t. 29 et 30.
Luffa. *Dill.* gen. p. 156, t. 11.
{ Momordica. *Ludw. gen.* 1073.
{ Elaterium. *Ludw. gen.* 1074.
Momordica. *Mill.* p 395, tab. 83.
Gaert. 2, p. 48, t. 88, f. 4. *Lam.*
pl. 794. *Boiss.* 9.ᵉ liv. p. et pl. 622.
Juss. p. 395. *Vent.* 3, p. 514, pl.
23, fig. 1.

414. MONOTROPA, *MONOTROPE. Lin.*
gen. 737.
Syst. des plant. 2, pag. 200.
Hypopitys. *Dill.* gen. p. 134, tab. 7
Ludw. gen. 565. *Hall.* 1, p. 427.
Monotropa. *Lam.* pl. 362. *Juss.* p.
430. *Vent.* 4, pag. 18.

415. MONTIA, *MONTIE. Lin. gen.* 133.
Syst. des plant. 1, pag. 148.
Cameraria. *Dill.* gen. p. 114, t. 6.
Montia. *Mich.* 17, t. 13, f. 1 et 2
Ludw. gen. 264. *Gaert.* 2, p. 220,
t. 129, f. 2. *Lam.* pl. 50. *Boiss.* 8.ᵉ
liv. p. et pl. 68. *Juss.* p. 313. *Vent.*
3, pag. 261, pl. 19, fig. 2.

416. MORUS, *MURIER. Lin. gen.* 1424.
Syst. des plant. 4, pag. 104.

Meurier. *Tourn.* 462, pl. 362.
Morus. *Tourn.* 589, t. 362. *Duham.*
2, p. 23. *Ludw. gen.* 1109. *Hall.* 2,
p. 284. *Gaert.* 2, p. 199, tab. 126,
f. 6. *Lam.* pl. 762. *Juss.* pag. 402.
Vent. 3, p. 546, pl. 23, f. 2.

417. MUCOR, *MOISISSURE. Lin. g.* 1685.
Syst. des plant. 4, pag. 421.
{ Apergillus. *Mich.* 212, t. 91, f. 1,
{ 3 et 4.
{ Mucor. *Mich.* 215, tab. 95.
{ Mucilago. *Mich.* 216, tab. 96.
{ Mucilago. *Hall.* 3, pag. 110.
{ Fuligo. *Hall.* 3, pag. 110.
{ Embolus. *Hall.* 3, pag. 111.
{ Botrytis. *Hall.* 3, pag. 111.
{ Mucor. *Hall.* 3, pag. 113.
{ Aspergillus. *Hall.* 3, pag. 113.
{ Trichia. *Hall.* 3, pag. 114.
{ Reticularia. *Lam.* pl. 889.
{ Trichia. *Lam.* pl. 890.
{ Aspergillus. *Lam.* pl. 890.
{ Mucor. *Lam.* pl. 890.
{ Diderma. *Lam.* pl. 889.
{ Reticularia. *Bull.* 83, pl 424, f. 1.
{ Mucor. *Bull.* 97, pl. 504, fig. 1.
{ Sphærocarpus. *Bull.* 123, pl. 387,
{ fig. 1 et 2.
{ Trichia. *Hoffm.* 2, p. 3, t. 1.
{ Embolus. *Hoffm.* 2, p. 8, t. 2, f. 3.
{ Lycogala. *Hoffm.* 2, p. 9, t. 2, f. 4.
{ Reticularia. *Mirb.* 4, p. 41 et 44.
{ Mucor. *Mirb.* 4, pag. 49.
{ Sphærocarpus. *Mirb.* 4, p. 49 et 54.
Mucor. *Gled.* 158, gen. 11, tab. 6.
Ludw. gen. 1236. *Juss.* p. 3. *Vent.*
2, pag 13, pl. 1, fig. 4.

418 MYAGRUM, *CAMELINE. L. g.* 1069.
Syst. des plant. 3, pag. 148.
{ Myagrum. *Tourn.* 179, pl. 99.
{ Rapistrum. *Tourn.* 179, pl. 99.
{ Alysson. *Tourn.* 185, pl. 104.
{ Moutarde. *Tourn.* 193, pl. 112.
{ Myagrum. *Tourn.* 211, tab. 99.
{ Raspistrum. *Tourn.* 210, tab. 99.
{ Alysson. *Tourn.* 216, tab. 104.
{ Sinapi. *Tourn.* 227, tab. 112.
{ Camelina. *Vent.* 3, p. 111, pl. 15,
{ fig 2.

Myagrum. *Vent.* 3, p. 113, pl. 15,
fig. 2.
Raspistrum. *Vent.* 3, p. 113, pl.
15, fig. 2.
Myagrum. *Gaert.* 2, p. 288, tab.
141, fig. 13.
Raspistrum. *Gaert.* 2, pag. 285,
tab. 141, fig. 9.
Myagrum. *Ludw.* gen. 525. *Hall.* 1,
p. 225. *Lam.* pl. 553. *Juss.* p. 241.

419. MYOSOTIS, *SCORPIONNE.* L. g. 240
Syst. des plant. 1, pag. 250.
Buglosse. *Tourn.* 110, pl. 53.
Gremil. *Tourn.* 113, pl. 55.
Buglossum. *Tourn.* 133, tab. 53.
Lithospermum. *Tourn.* 137, t. 55.
Scorpiurus. *Hall.* 1, pag. 261.
Cynoglossum. *Hall.* 1, pag. 260.
Myosotis. *Dill.* gen. pag. 99, tab. 3.
Ludw. gen. 67. *Gaert.* 1, p. 328,
t. 68, f. 1. *Lam.* pl. 91. *Boiss.* 11.e
liv. p. et pl. 105. *Juss.* p. 131. *Vent.*
2, pag. 391, pl. 10, fig. 1.

420. MYOSURUS, *MYOSURE.* Lin. g. 538.
Syst. des plant. 1, pag. 531.
Renoncule. *Tourn.* 240, pl. 149.
Ranunculus. *Tourn.* 285, tab. 149.
Myosuros. *Vaill.* 1719, p. 33, g. 12,
pl. 2, fig. 4.
Myosuron. *Dill.* gen. p. 106, t. 4.
Myosurus. *Ludw.* gen. 805. *Hall.* 2,
p. 67. *Gaert.* 1, p. 354, t. 74, f. 5.
Lam. pl. 221. *Mill.* 261, tab. 17.
Boiss. 7.e liv. pag. et pl. 237. *Juss.*
p. 233. *Vent.* 3, p. 58, pl. 13, f. 5.

421. MYRICA, *GALÉ.* Lin. gen. 1510.
Syst. des plant. 4, pag. 197.
Gale. *Dill.* gen. pag. 154, tab. 10.
Duham. 1, pag. 253.
Myrica. *Ludw.* gen. 1163. *Gaert.* 1,
p. 190, tab. 39, f. 7. *Lam.* pl. 809.
Juss. p. 409. *Vent.* 3, p. 557, pl.
24, fig. 1.

422. MYRIOPHYLLUM, *MYRIOPHYLLE.*
Lin. gen. 1440.
Syst. des plant. 4, pag. 119.
Potamogeton. *Tourn.* 199, pl. 103.
Potamogeton. *Tourn.* 232, t. 103.

Pentapterophyllon. *Dill.* g. p. 125,
tab. 7.
Pentapteris. *Hall.* 1, pag. 424.
Myriophyllon. *Vaill.* 1719, pag. 23,
gen. 8, pl. 2, fig. 3.
Myriophyllum. *Ludw.* gen. 1116.
Gaert. 1, p. 331, t. 68, f. 5. *Lam.*
pl. 775. *Mirb.* 5, p. 206. *Juss.* pag.
18. *Vent.* 4, pag. 5.

423. MYRTUS, *MYRTE.* Lin. gen. 844.
Syst. des plant. 2, pag. 324.
Mirte. *Tourn.* 501, pl. 409.
Myrtus. *Tourn.* 640, tab. 409.
Duham. 2, p. 43. *Ludw.* gen. 790.
Gaert. 1, p. 184, t. 38, f. 2. *Lam.*
pl. 419. *Juss.* p. 324. *Vent.* 3, pag.
325, pl. 20, fig. 1.

N

424. NAIAS, *NAIADE.* Lin. gen. 1488.
Syst. des plant. 4, pag. 180.
Fucus. *Tourn.* 443, pl. 334, 335
et 336.
Fucus. *Tourn.* 565, tab. 334, 335
et 336.
Fluvialis. *Vaill.* 1719, p. 13, g. 2,
pl. 1, f. 2. *Mich.* 11, tab. 8.
Naias. *Ludw.* gen. 1068. *Hall.* 1,
p. 238. *Lam.* pl. 799. *Mirb.* 5, pag.
208. *Juss.* p. 19. *Vent.* 4, p. 6.

425. NARCISSUS, *NARCISSE.* Lin. g. 550.
Syst. des plant. 2, pag. 15.
Narcisse. *Tourn.* 290, pl. 185.
Narcissus. *Tourn.* 353, tab. 185.
Ludw. gen. 166. *Hall.* 2, pag. 122.
Lam. pl. 229. *Mirb.* 7, p. 17. *Juss.*
p. 55. *Vent.* 2, p. 183, pl. 4, fig. 5.

426. NARDUS, *NARD.* Lin. gen. 97.
Syst. des plant. 1, pag. 99.
Nardus. *Ludw.* gen. 1025. *Hall.* 2
p. 201. *Lam.* pl. 39. *Koel.* p. 311,
g. 28, t. 29. *Juss.* p. 33. *Vent.* 2,
pag. 111, pl. 3, fig. 3.

427. NECKERA, *NECKERE.* Lin. g. 1658.
Hypnum. Syst. des pl. 4, pag. 361.
Fontinalis. Syst. des pl. 4, p. 350.
Sphagnum. Syst. des pl. 4, p. 349,

{ Sphagnum. *Dill.* gen. p. 86 , t. 2.
  - Musc. p. 5 , g. 8 , t. 32.
  Hypnum. *Dill.* gen. p. 85 , tab. 1.
  - Musc. p. 5 , g. 10 , t. 34 à 44.
  Fontinalis. *Dill.* musc. p. 5 , g. 9 ,
    tab. 33.

{ Sphagnum. *Hall.* 3 , pag. 23.
  Hypnum. *Hall.* 3 , pag. 26.

Neckeria. *Hedw.* fund. 2, pag. 93,
g. 16, t. 8, f. 47, 48 et 49.
Neckera. *Brid.* 1, p. 166, gen. 20,
t. 3, f. 21 ; et t. 3, p. 1. *Swartz*,
pag. 70, gen. 20.

428. NEPETA, *CATAIRE. Lin.* gen. 954.
Syst. des plant. 3, pag. 22.
Herbe aux chats. *Tourn.* 170, pl. 95.
Cataria. *Tourn.* 202 , t. 95. *Ludw.*
gen. 285. *Hall.* 1, p. 108.
Nepeta. *Lam.* pl. 502. *Boiss.* 8.e
liv. pag. et pl. 390. *Juss.* pag. 113.
Vent. 2, p. 333, pl. 9 , f. 3.

429. NERIUM, *LAURIER-ROSE. L. g.* 420.
Syst. des plant. 1 , pag. 399.
Laurier-rose. *Tourn.* 476, pl. 374.
Nerion. *Tourn.* 604 , t. 374. *Duh.*
2, p. 45. *Mill.* 251 , tab. 12.
Nerium. *Ludw.* gen. 153. *Gaert.* 2,
p. 172, t. 117, f. 4. *Lam.* pl. 174.
Juss. p. 145. *Vent.* 2, p. 424, pl.
11 , fig. 1.

430. NIGELLA, *NIELLE. Lin.* gen. 935.
Syst. des plant. 2 , pag. 431.
Nielle. *Tourn.* 225 , pl. 134.
Nigella. *Tourn.* 258, tab. 134.
Ludw. gen. 802. *Hall.* 2, pag. 88.
Gaert. 2, p. 173, t. 118, f. 1. *Lam.*
pl. 488. *Boiss.* 3.e liv. p. et pl. 372.
Juss. p. 233. *Vent.* 3, p. 61, pl. 13,
fig. 5.

431. NYMPHÆA, *NÉNUPHAR. L. g.* 886.
Syst. des plant. 2, pag. 397.
Nénufar. *Tourn.* 227, pl. 137 et 138.
Nymphæa. *Tourn.* 260, tab. 137 et
138. *Ludw.* gen. 940. *Hall.* 2, p. 19.
Gaert. 1, p. 72, t. 19, f. 1. *Lam.*
pl. 453. *Juss.* p. 68. *Vent.* 2, pag.
214, pl. 6, fig. 1.

O

432. OCTOBLEPHARIS, *OCTOBLEPHARE.*
Lin. gen. 1640.
Bryum. Syst. des plant. 4, pag. 356.
Bryum. *Dill.* g. p. 85, t. 2. - Musc.
p. 6, g. 11, t. 44 à 54.
Octoblepharum. *Hedw.* musc. 3 ,
p. 15, t. 6. *Brid.* 1, p. 154, gen. 6,
t. 1, f. 7; et t. 2, p. 50.

433. OCTOSPORA, *OCTOSPORE. L. g.* 1681.
Fungoides. *Tourn.* 560.
Fungoides. *Mich.* pag. 207, t. 86.
Peziza. *Hall.* 3, pag. 128.
Elvella. *Gled.* p. 36, g. 3, t. 2.
Octospora. *Hedw.* musc. 2, p. 10,
tab. 3.

434. OENANTHE, *OENANTHE. L. g.* 484.
Syst. des plant. 1, pag. 475.
Oenanthe. *Tourn.* 261, pl. 166.
Oenanthe. *Tourn.* 312, tab. 166.
Ludw. gen. 861. *Hall.* 1, pag. 330.
Gaert. 1, p. 96, t. 22, f. 6. *Lam.*
pl. 203. *Boiss.* 12.e liv. p. et pl. 203.
Juss. p. 221. *Vent.* 3, p. 18, pl. 13,
fig. 4.

435. OENOTHERA, *ONAGRE. Lin.* g. 637.
Syst. des plant. 2, pag. 106.
Onagra. *Tourn.* 251, pl. 156.
Onagra. *Tourn.* 302 , tab. 156.
Ludw. gen. 561. *Gaert.* 1, p. 159,
tab. 32 , fig. 1.
Oenothera. *Hall.* 1, p. 425. *Mill.*
277, tab. 25. *Lam.* pl. 279. *Boiss.*
1.re liv. p. et pl. 279. *Juss.* p. 319.
Vent. 3, p. 313, pl. 19, f. 4.

436. OLEA, *OLIVIER. Lin.* gen. 25.
Syst. des plant. 1, pag. 20.
Olivier. *Tourn.* 472, pl. 370.
Olea. *Tourn.* 598, t. 370. *Duham.*
2, p. 57. *Ludw.* gen. 2. *Gaert.* 2,
p. 75, t. 93, f. 4. *Lam.* pl. 8. *Juss.*
pag. 105. *Vent.* 2, p. 312, pl. 9,
fig. 1.

437. ONONIS, *BUGRANE. Lin.* gen. 1173.
Syst. des plant. 3, pag. 294.
{ Arrête-bœuf. *Tourn.* 325, pl. 229.
{ Fenugrec. *Tourn.* 326, pl. 230.

{ Anonis. *Tourn.* 408, tab. 229.
{ Fœnum Græcum. *T.* 409, t. 230.
Anonis. *Duham.* 1, p. 57. *Ludw.*
gen. 627. *Hall.* 1, p. 154.
Ononis. *Gaert.* 2, p. 343, tab. 154,
f. 6. *Lam.* pl. 616. *Boiss.* 1.re liv.
p. et pl. 478. *Juss.* p. 354. *Vent.* 2,
pag. 293, pl. 22, fig. 1.

438. ONOPORDUM, *ONOPORDE. L.g.* 1256.
Syst. des plant. 3, pag. 470.
Chardon. *Tourn.* 349, pl. 253.
Carduus. *Tourn.* 440, tab. 253.
Onopordon. *Ludw. gen.* 408.
Onopordum. *Vaill.* 1718, p. 152,
gen. 1. *Hall.* 1, pag. 68. *Gaert.* 2,
p. 376, t. 161, f. 1. *Lam.* pl. 664.
Juss. pag. 173. *Vent.* 2, p. 498, pl.
12, fig. 4.

439. ONOSMA, *ONOSME. Lin. gen.* 247.
Syst. des plant. 1, pag. 260.
Consoude. *Tourn.* 114, pl. 56.
Symphytum. *Tourn.* 138, tab. 56.
Hall. 1, pag. 266.
Onosma. *Gaert.* 1, p. 325, tab. 67,
f. 6. *Lam.* pl. 93. *Boiss.* 11.e liv. p.
et pl. 112. *Juss.* pag. 130. *Vent.* 2,
pag. 390, pl. 10, fig. 1.

440. OPHIOGLOSSUM, *OPHIOGLOSSE. Lin.*
gen. 1621.
Syst. des plant. 4, pag. 311.
Langue de serpent. *Tourn.* 437,
pl. 325.
Ophioglossum. *Tourn.* 548, t. 325.
{ Ophioglossum. *Mirb.* 5, pag. 45.
{ Ramondia. *Mirb.* 5, p. 45 et 55.
Ophioglossum. *Ludw. gen.* 1199.
Hall. 3, p. 5. *Lam.* pl. 864. *Juss.*
p. 14. *Vent.* 2, p. 61, pl. 2, f. 2.

441. OPHRYS, *OPHRYS. Lin. gen.* 1369.
Syst. des plant. 4, pag. 14.
{ Double feuille. *Tour.* 346, pl. 250.
{ Orchis. *Tourn.* 343, pl. 247 et 248.
{ Nid d'oiseau. *Tourn.* 346, pl. 250.
{ Ophrys. *Tourn.* 437, tab. 250.
{ Orchis. *Tourn.* 431, t. 247 et 248.
{ Nidus avis. *Tourn.* 437, tab. 250.
{ Orchiastrum. *Mich.* 30, tab. 26.
{ Monorchis. *Mich.* 30, tab. 26.
Orchis. *Hall.* 2, pag. 131.

Ophrys. *Ludw. gen.* 885. *Lam.* pl.
727. *Mirb.* 7, p. 107 et 118. *Juss.*
p. 65. *Vent.* 2, p. 208, pl. 5, f. 3.

442. ORCHIS, *ORCHIS. Lin. gen.* 1367.
Syst. des plant. 4, pag. 5.
{ Orchis. *Tourn.* 343, pl. 247 et 248.
{ Limodorum. *Tourn.* 345, pl. 250.
{ Orchis. *Tourn.* 431, t. 247 et 248.
{ Limodorum. *Tourn.* 437, t. 250.
Orchis. *Hall.* 2, p. 131. *Ludw. gen.*
882. *Mill.* 371, t. 72. *Lam.* pl. 726.
Mirb. 7, p. 107. *Juss.* p. 65. *Vent.*
2, p. 208, pl. 5, f. 3.

443. ORIGANUM, *ORIGAN. Lin. gen.* 981.
Syst. des plant. 3, pag. 53.
{ Origan. *Tourn.* 167, pl. 94.
{ Marjolaine. *Tourn.* 168.
{ Origanum. *Tourn.* 198, tab. 94.
{ Majorana. *Tourn.* 199.
Origanum. *Ludw. gen.* 301. *Hall.*
1, p. 101. *Lam.* pl. 511. *Juss.* pag.
115. *Vent.* 2, p. 343, pl. 9, f. 3.

444. ORNITHOGALUM, *ORNITHOGALE. L.*
gen. 566.
Syst. des plant. 2, pag. 40.
Ornithogalum. *Tourn.* 301, pl. 203.
Ornithogalum. *Tourn.* 378, t. 203.
Ludw. gen. 897. *Hall.* 2, pag. 103.
Gaert. 1, p. 65, t. 17, f. 3. *Lam.*
pl. 242. *Boiss.* 6.e liv. p. et pl. 251.
Juss. p. 53. *Vent.* 2, p. 165, pl. 4,
fig. 4.

445. ORNITHOPUS, *ORNITHOPE. Lin.*
gen. 1199.
Syst. des plant. 3, pag. 339.
Pié d'oiseau. *Tourn.* 318, pl. 224.
Ornithopodium. *Tourn.* 400, t. 224.
Ludw. gen. 647. *Hall.* 1, p. 171.
Ornithopus. *Gaert.* 2, p. 345, tab.
155, f. 3. *Lam.* pl. 631. *Boiss.* 2.e
liv. p. et pl. 494. *Juss.* p. 361. *Vent.*
3, pag. 421, pl. 22, fig. 1.

446. OROBANCHE, *OROBANCHE. Lin. gen.*
1045.
Syst. des plant. 3, pag. 126.
Orobanche. *Tourn.* 144, pl. 81.
Orobanche. *Tourn.* 175, tab. 81.
Ludw. gen. 313. *Hall.* 1, pag. 129.
Lam. pl. 551. *Boiss.* 6.e liv pag. et

pl. 433. *Juss.* p. 101. *Vent.* 2, pag. 293, pl. 8, fig. 3.

447. OROBUS, OROBE. *Lin. gen.* 1185.
Syst. des plant. 3, pag. 315.
Orobe. *Tourn.* 313, pl. 214.
Orobus. *Tourn.* 393, t. 214. *Ludw. gen.* 632. *Hall.* 1, p. 181. *Gaert.* 2, p. 327, t. 151, f. 3. *Lam.* pl. 633
Boiss. 5.e liv. p. et pl. 484. *Juss.* p. 360. *Vent.* 3, p. 418, pl. 22, f. 1.

448. ORTEGIA, ORTEGIE. *Lin. gen.* 70.
Syst. des plant. 1, pag. 71.
Ortegia. *Ludw. gen.* 952. *Gaert.* 2, p. 224, t. 129, f. 8. *Lam.* pl. 29. *Juss.* p. 299. *Vent.* 3, p. 236, pl. 17, fig. 2.

449. OSMUNDA, OSMONDE. *Lin. g.* 1622.
Syst. des plant. 4, pag. 313.
{ Osmonde. *Tourn.* 436, pl. 324.
{ Polipode. *Tourn.* 431, pl. 316.
{ Osmunda. *Tourn.* 547, tab. 324.
{ Polypodium. *Tourn.* 540, t. 316.
{ Osmunda. *Hall.* 3, pag. 6.
{ Struthiopteris. *Hall.* 3, pag. 6.
{ Filix. *Hall.* 3, pag. 7.
Osmunda. *Ludw. gen.* 1197. *Lam.* pl. 865. *Juss.* p. 15. *Vent.* 2, p. 62, pl. 2, fig. 2.

450. OSYRIS, ROUVET. *Lin. gen.* 1497.
Syst. des plant. 4, pag. 190.
Casia. *Tourn.* 664, t. 488. *Duham.* 1, p. 131. *Lam.* pl. 802.
Osyris. *Ludw. gen.* 1160. *Juss.* pag. 75. *Vent.* 2, p. 233, pl. 6, f. 3.

451. OXALIS, SURELLE. *Lin. gen.* 794.
Syst. des plant. 2, pag. 264.
Alleluia. *Tourn.* 75, pl. 19.
Oxys. *Tourn.* 88, tab. 19. *Ludw. gen.* 204. *Hall.* 1, pag. 401.
Oxalis. *Mill.* 295, tab. 35. *Gaert.* 2, p. 152, t. 113, f. 5. *Lam.* pl. 391. *Boiss.* 7.e liv. p. et pl. 323. *Juss.* p. 270. *Vent.* 3, p. 177, pl. 17, f. 2.

P

452. PÆDEROTA, PÉDÉROTE. *Lin. g.* 33.
Syst. des plant. 1, pag. 30.
Véronique. *Tourn.* 120, pl 60.

Veronica. *Tourn.* 143, tab. 60.
Bonarota. *Mich.* p. 19, tab. 15.
Pæderota. *Ludw. gen.* 253. *Lam.* pl. 13. *Juss.* p. 120. *Vent.* 2, pag. 352, pl. 9, fig. 4.

453. PÆONIA, PIVOINE. *Lin. gen.* 920.
Syst. des plant. 2, pag. 420.
Pivoine. *Tourn.* 237, pl. 146.
Pæonia. *Tourn.* 273, tab. 146. *Ludw. gen.* 941. *Hall.* 2, pag. 81. *Mill.* 319, t. 47. *Gaert.* 1, p. 309, t. 65, f. 1. *Lam.* pl. 481. *Juss.* pag. 234. *Vent.* 3, p. 64, pl. 13, f. 5.

454. PANCRATIUM, PANCRACE. *L. g.* 551.
Syst. des plant. 2, pag. 18.
Narcisse. *Tourn.* 290, pl. 185.
Narcissus. *Tourn.* 353, tab. 185.
Pancratium. *Ludw. gen.* 167. *Lam.* pl. 228. *Juss.* pag. 55. *Vent.* 2, p. 184, pl. 4, fig. 5.

455. PANICUM, PANIC. *Lin gen.* 108.
Syst. des plant. 1, pag. 105.
{ Panis. *Tourn.* 416, pl 298.
{ Millet. *Tourn.* 416, pl. 298.
{ Panicum. *Tourn.* 515, tab. 298.
{ Milium. *Tourn.* 514, tab. 298.
{ Digitaria. *Juss.* pag. 29.
{ Panicum. *Juss.* pag. 29.
{ Digitaria. *Hall.* 2, pag. 244.
{ Panicum. *Hall.* 2, pag. 249.
{ Panicum. *Koel.* p. 6, g. 2, t. 3.
{ Digitaria. *Koel.* p. 22, g. 3, t. 4.
{ Fibichia. *Koel.* p. 308, g. 27, t. 28.
{ Digitaria. *Vent.* 2, pag. 98, pl. 3, fig. 3.
{ Panicum. *Vent.* 2, p. 98, pl. 3, fig. 3.
Panicum. *Ludw. gen.* 1033. *Gaert.* 1, p. 2, t. 1, f. 3. *Lam.* pl. 43.

456. PAPAVER, PAVOT. *Lin. gen.* 881.
Syst. des plant. 2, pag. 391.
Pavot. *Tourn.* 203, pl. 119 et 120.
Papaver. *Tourn.* 237, t. 119 et 120. *Ludw. gen.* 581. *Hall.* 2, pag. 14. *Gaert.* 1, p. 289, t. 60, f. 4. *Lam.* pl. 451. *Mirb.* 11, pag. 218 et 220. *Juss.* p. 236. *Vent.* 3, p. 91, pl. 15, fig. 1.

457. PARIETARIA, *PARIÉTAIRE. Lin.*
gen. 1576.
Syst. des plant. 4, pag. 266.
Pariétaire. *Tourn.* 409, pl. 289.
Parietaria. *Tourn.* 509, tab. 289.
Ludw. gen. 957. *Hall.* 2, pag. 284.
Gaert. 2, p. 184, t. 119, f. 8. *Lam.*
pl. 853. *Boiss.* 12.e liv. p. et pl. 658.
Juss. p. 404. *Vent.* 3, p. 533, pl.
23, fig. 2.

458. PARIS, *PARIS. Lin. gen.* 683.
Syst. des plant. 2, pag. 151.
Herba Paris. *Tourn.* 200, pl. 117.
Herba Paris. *Tourn.* 233, tab. 117.
Paris. *Ludw. gen.* 579. *Hall.* 1, p.
429. *Gaert.* 2, p. 19, t. 83, fig. 7.
Lam. pl. 319. *Mirb.* 6, pag. 207 et
209. *Boiss.* 7.e liv. pag. et pl. 289.
Juss. pag. 42. *Vent.* 2, p. 145, pl.
3, fig. 5.

459. PARNASSIA, *PARNASSIE. L. g.* 523.
Syst. des plant. 1, pag. 513.
Parnassia. *Tourn.* 212, pl. 127.
Parnassia. *Tourn.* 246, tab. 127.
Ludw. gen. 678. *Hall.* 1, p. 371.
Mill. 257, tab. 15. *Gaert.* 1, p. 287,
t. 60, f. 1. *Lam.* pl. 216. *Juss.* p.
245. *Vent.* 3, p. 123, pl. 15, f. 3.

460. PASSERINA, *PASSERINE. L. g.* 668.
Syst. des plant. 2, pag. 136.
Garou. *Tourn.* 467, pl. 366.
Thymelæa. *Tourn.* 594, tab. 366.
Duham. 2, pag. 323.
Passerina. *Ludw. gen.* 991. *Lam.*
pl. 291. *Juss.* p. 77. *Vent.* 2, pag.
238, pl. 6, fig. 4.

461. PASTINACA, *PANAIS. Lin. gen.* 494.
Syst. des plant. 1, pag. 489.
Panais. *Tourn.* 269, pl. 170.
Pastinaca. *Tourn.* 319, tab. 170.
Ludw. gen. 838. *Gaert.* 1, pag. 87,
t. 21, f. 5. *Hall.* 1, p. 359. *Lam.*
pl. 206. *Juss.* p. 219. *Vent.* 3, pag.
12, pl. 13, fig. 4.

462. PEDICULARIS, *PEDICULAIRE. Lin.*
gen. 1003.
Syst. des plant. 3, pag. 83.
Pédiculaire. *Tourn.* 140, pl. 77.
Pedicularis. *Tourn.* 171, tab. 77.

Ludw. gen. 324. *Hall.* 1; p. 137.
Gaert. 1, p. 246, t. 53, f. 5. *Lam.*
pl. 517. *Boiss.* 6.e liv. p. et pl. 422.
Juss. p. 101. *Vent.* 2, p. 299, pl. 8,
fig. 4.

463. PEGANUM, *PÉGANE. Lin. gen.* 821.
Syst. des plant. 2, pag. 289.
Harmala. *Tourn.* 225, pl. 133.
Harmala. *Tourn.* 257, tab. 133.
Ludw. gen. 772.
Peganum. *Gaert.* 2, p. 87, t. 95,
f. 6. *Lam.* pl. 401. *Juss.* pag. 297.
Vent. 3, p. 228, pl. 18, f. 1.

464. PELTARIA, *PELTAIRE. Lin. g.* 1083.
Syst. des plant. 3, pag. 169.
Clypeola. *Lam.* pl. 560. *Vent.* 3,
p. 107, pl. 15, f. 2. *Juss.* p. 240.
Peltaria. *Gaert.* 2, p. 283, t. 141,
f. 7. *Boiss.* 12.e liv. p. et pl. 446.

465. PEPLIS, *PÉPLIDE. Lin. gen.* 605.
Syst. des plant. 2, pag. 77.
Glaux. *Tourn.* 120, pl. 60.
Glaux. *Tourn.* 88, tab. 60.
Glaucoides. *Mich.* p. 21, tab. 18.
Portula. *Dill.* gen. p. 133, tab. 7.
Peplis. *Ludw. gen.* 895. *Hall.* 1,
p. 378. *Gaert.* 1, p. 237, t. 51, f. 4.
Lam. pl. 262. *Juss.* p. 333. *Vent.* 3,
p. 306, pl. 20, f. 3.

466. PEUCEDANUM, *PEUCÉDAN. L. g.* 472.
Syst. des plant. 1, pag. 459.
{ Queue de Pourceau. *Tourn.* 268,
   pl. 169.
{ Angelique. *Tourn.* 261, pl. 167.
{ Persil de montagne. *Tourn.* 268,
   pl. 169.
{ Peucedanum. *Tourn.* 318, t. 169.
{ Angelica. *Tourn.* 313, tab. 167.
{ Oreoselinum. *Tourn.* 318, t. 169.
Peucedanum. *Ludw. g.* 851. *Hall.*
1, p. 354. *Gaert.* 1, p. 88, tab. 21,
f. 7. *Juss.* p. 223. *Vent.* 3, p. 25,
pl. 13, fig. 4.

467. PEZIZA, *PÉZIZE. Lin. gen.* 1680.
Syst. des plant. 4, pag. 416.
Agaric. *Tourn.* 441, pl. 330.
Agaricus. *Tourn.* 562, tab. 330.
{ Cyathus. *Hall.* 3, pag. 127.
{ Peziza. *Hall.* 3, pag. 128.

Agaricum. *Mich.* 124, ord. 8, t. 66.
Cyathoides. *Mich.* 222, tab. 102.
Fungoides. *Mich.* 204, tab. 86.
Cyathus. *Lam.* pl. 879.
Peziza. *Lam.* pl. 886.
Peziza. *Hoffm.* 2, p. 21, t. 6, f. 1.
Cyathus. *Hoffm.* 2, p. 6, t. 2, f. 2.
Nidularia. *Bull.* 163, pl. 488, fig. 1 et 2.
Peziza. *Bull.* 233, pl. 500, f. 1 et 2.
Octospora. *Hedw.* musc. 2, p. 10, tab. 3.
Peziza. *Dill.* gen. p. 76, t. 1. *Batt.* p. 25, t. 3. *Gled.* 136, g. 7, t. 4. *Ludw.* gen. 1231. *Juss.* p. 4. *Vent.* 2, p. 19, pl. 1, f. 4.

468. PHACA, *PHAQUE. Lin. gen.* 1207.
Syst. des plant. 3, pag. 356.
Astragaloides. *Tourn.* 317, pl. 223.
Astragaloides. *Tourn.* 399, t. 223.
Ludw. gen. 624.
Astragalus. *Hall.* 1, pag. 175.
Phaca. *Gaert.* 2, p. 341, pl. 154, f. 2. *Boiss.* 8.e liv. pag. et pl. 499. *Juss.* p. 358. *Vent.* 3, p. 412, pl. 22, fig. 1.

469. PHALARIS, *PHALARIS. Lin. g.* 106.
Syst. des plant. 1, pag. 103.
Homalocenchrus. *Hall.* 2, p. 201.
Leersia. *Koel.* p. 4, g. 1, t. 2.
Phleum. *Koel.* p. 47, g. 7, t. 8.
Phalaris. *Ludw. gen.* 1030. *Gaert.* 2, p. 6, tab. 80, f. 6. *Lam.* pl. 42. *Juss.* p. 29. *Vent.* 2, p. 97, pl. 3, fig. 3.

470. PHALLUS, *MORILLE. Lin. g.* 1677.
Syst. des plant. 4, pag. 415.
Morille. *Tourn.* 440, pl. 329.
Boletus. *Tourn.* 561, tab. 329.
Phallus. *Mich.* 201, tab. 83.
Phallo-Boletus. *Mich.* 202, t. 84.
Boletus. *Mich.* 203, tab. 85.
Boletus. *Batt.* p. 23, t. 2, A, B, C, D.
Phalloidastrum. *Batt.* p. 75, t. 40, A, B, C, D, E.
Phallus. *Batt.* p. 76, t. 40, F.
Boletus. *Hall.* 3, p. 133.
Phallus. *Hall.* 3, p. 134.

Phallus. *Lam.* pl. 885.
Boletus. *Lam.* pl. 885.
Phallus. *Ludw.* gen. 1227. *Gled.* 54, g. 4, t. 2. *Juss.* pag. 3. *Bull.* 273, pl. 218. *Vent.* 2, p. 19, pl. 1, f. 4.

471. PHARNACEUM, *PHARNACE. L g.* 517.
Syst. des plant. 1, pag. 510.
Pharnaceum. *Ludw. gen.* 979. *Lam.* pl. 214. *Juss.* p. 300. *Vent.* 3, pag. 240, pl. 17, fig. 2.

472. PHASCUM, *PHASQUE. Lin. g.* 1636.
Syst. des plant. 4, pag. 350.
Sphagnum. *Dill.* musc. p. 5, g. 8, tab. 32. *Ludw.* gen. 1212. *Hall.* 3, pag. 23.
Phascum. *Hedw.* fund. 2, p. 85; g. 1. - Musc. 1, p. 25, t. 9.
Splachnum. *Hedw.* fund. 2, p. 88, g. 6, pl. 7, f. 33. - Musc. 2, pag. 35, tab. 11.
Phascum. *Lam.* pl. 873. *Juss.* p. 11. *Brid.* 1, p. 149, g. 1, t. 1, f. 1; et t. 2, p. 9. *Swartz*, p. 17, g. 1. *Vent.* 2, p. 50, pl. 2, f. 1.

473. PHELLANDRIUM, *PHELLANDRE. Lin. gen.* 485.
Syst. des plant. 1, pag. 477.
Phellandrium. *Tourn.* 256, pl. 161.
Phellandrium. *Tourn.* 306, t. 161.
Ludw. gen. 877. *Hall.* 1, pag. 332. *Boiss.* 12.e liv. p. et pl. 204. *Juss.* p. 221. *Vent.* 3, p. 17, pl. 13, f. 4.

474. PHILADELPHUS, *SYRINGA. L. g.* 840.
Syst. des plant. 2, pag. 322.
Syringa. *Tourn.* 491, pl. 389.
Syringa. *Tourn.* 617, tab. 389.
Ludw. gen. 600. *Duham.* 2, p. 297.
Philadelphus. *Hall.* 2, p. 37. *Gaert.* 1, p. 173, t. 35, f. 2. *Lam.* pl. 420. *Juss.* p. 325. *Vent.* 3, p. 323, pl. 20, fig. 1.

475. PHILLYREA, *FILARIA. Lin. gen.* 24.
Syst. des plant. 1, pag. 19.
Filaria. *Tourn.* 469, pl. 367.
Phillyrea. *Tourn.* 596, tab. 367. *Duham.* 2, p. 117. *Ludw.* gen. 3. *Gaert.* 2, p. 71, t. 93, f. 5. *Lam.* pl. 8. *Juss.* p. 108. *Vent.* 2, p. 313, pl. 9, fig. 1.

476. Phleum, *Fleau. Lin.gen.* 109.
Syst. des plant. 1, pag. 109.
{ Phleum. *Koel.* p. 47, g. 7, t. 8.
Phalaris. *Koel.* p. 39, g. 6, t. 7.
Crypsis. *Koel.* p. 59, g. 8, t. 9.
Phleum. *Ludw. gen.* 1031. *Hall.* 2,
p. 245. *Gaert.* 1, p. 1, t. 1, fig. 1.
Lam. pl. 42. *Juss.* p. 29. *Vent.* 2,
p. 97, pl. 3, f. 3.
477. Phlomis, *Phlomide. Lin. g.* 978.
Syst. des plant. 3, pag. 48.
Phlomis. *Tourn.* 146, pl. 82.
Phlomis. *Tourn.* 177, t. 82. *Duham.*
2, p. 119. *Ludw. gen.* 275. *Gaert.* 1,
p. 319, t. 66, f. 9. *Lam.* pl. 510.
Juss. p. 114. *Vent.* 2, p. 341, pl. 9,
fig. 3.
478. Physalis, *Coqueret. Lin. g.* 336.
Syst. des plant. 1, pag. 341.
Coqueret. *Tourn.* 125, pl. 64.
Alkekengi. *Tourn.* 150, tab. 64.
, *Ludw. gen.* 127.
Physalis. *Hall.* 1, p. 250. *Gaert.* 2,
p. 238, t. 131, f. 3. *Lam.* pl. 116.
Juss. p. 126. *Vent.* 2, p. 373, pl. 9,
fig. 5.
479. Phyteuma, *Raiponce. Lin. g.* 292.
Syst. des plant. 1, pag. 312.
Réponce. *Tourn.* 92, pl. 38.
Rapunculus. *Tourn.* 113, tab. 38.
Ludw. gen. 366. *Hall.* 1, p. 303.
Phyteuma. *Gaert.* 1, p. 149, t. 30,
f. 6. *Lam.* pl. 124. *Boiss.* 3.ᵉ liv. p.
et pl. 136. *Juss.* p. 165. *Vent.* 2,
p. 472, pl. 12, f. 2.
480. Phytolacca, *Phytolaque. Lin.
gen.* 800.
Syst. des plant. 2, pag. 275.
Phytolaca. *Tourn.* 248, pl. 154.
Phytolaca. *Tourn.* 299, tab. 154.
Phytolacca. *Ludw. gen.* 765. *Hall.*
1, p. 430. *Mill.* 297, t. 36. *Gaert.*
1, p. 377, t. 77, f. 8. *Lam.* pl. 393.
Mirb. 8, p. 34. *Juss.* p. 84. *Vent.* 2,
p. 254, pl. 7, fig. 3.
481. Picris, *Picride. Lin. gen.* 1231.
Syst. des plant. 3, pag. 424.
Hieracium. *Tourn.* 373, pl. 267.
Hieracium. *Tourn.* 469, tab. 267.

Helminthotheca. *Vaill.* 1721, pag.
205, g. 3, pl. 7 et 8, f. 51, 48, 25
ou 26.
{ Picris. *Gaert.* 2, p. 366, t. 159, f. 2.
Helmintia. *Gaert.* 2, p. 368, tab.
159, fig. 2.
{ Picris. *Lam.* pl. 648.
Helmintia. *Lam.* pl. 648.
{ Picris. *Juss.* pag. 170.
Helmintia. *Juss.* pag. 170.
{ Picris. *Vent.* 2, p. 488, pl. 12, f. 3.
Helmintia. *Vent.* 2, p. 489, pl.
12, fig. 3.
Picris. *Ludw. gen.* 433. *Hall.* 1,
p. 11. *Mirb.* 10, p. 81 et 102.
482. Pilularia, *Pilulaire. L. g.* 1619.
Syst. des plant. 4, pag. 344.
Pilularia. *Dill.* musc. p. 10. Append.
t. 69. *Ludw. gen.* 1241. *Lam.* pl.
862. *Mirb.* 5, p. 133. *Juss.* p. 16.
Vent. 2, pag. 69, pl. 2, f. 2. *Juss.*
Mém. de l'Acad. 1739, p. 240, pl. 11.
483. Pimpinella, *Boucage. Lin. g.* 498.
Syst. des plant. 1, pag. 493.
{ Boucage. *Tourn.* 258, pl. 163.
Persil. *Tourn.* 254, pl. 160.
Fenouil. *Tourn.* 260, pl. 164.
{ Tragoselinum. *Tourn.* 309, t. 163.
Apium. *Tourn.* 305, tab. 160.
Fœniculum. *Tourn.* 311, t. 164.
Tragoselinum. *Hall.* 1, pag. 349.
Anisum. *Gaert.* 1, p. 102, t. 23, f. 1.
Pimpinella. *Ludw. gen.* 855. *Lam.*
pl. 203. *Boiss.* 4.ᵉ liv. p. et pl. 217.
Juss. p. 219. *Vent.* 3, p. 9, pl. 13,
fig. 4.
484. Pinguicula, *Grassette. L. g.* 40.
Syst. des plant. 4, pag. 36.
Grassete. *Tourn.* 136, pl. 74.
Pinguicula. *Tourn.* 167, tab. 74.
Ludw. gen. 249. *Hall.* 1, pag. 128.
Gaert. 2, p. 140, t. 112, f. 2. *Lam.*
pl. 14. *Juss.* p. 98. *Vent.* 2, p. 354,
pl. 9, fig. 4.
485. Pinus, *Pin. Lin. gen.* 1456.
Syst. des plant. 4, pag. 136.
{ Pin. *Tourn.* 457, pl. 355 et 336.
Sapin. *Tourn.* 456, pl. 353 et 354.
Melese. *Tourn.* 458, pl. 357.

Pinus.

{ Pinus. *Tourn.* 585, t. 355 et 356.
{ Abies. *Tourn.* 585, t. 353 et 354.
{ Larix. *Tourn.* 586, tab. 357.
{ Pinus. *Duham.* 2, pag. 121.
{ Abies. *Duham.* 1, pag. 1.
{ Larix. *Duham.* 1, pag. 331.
{ Pinus. *Lam.* pl. 786.
{ Abies. *Lam.* pl. 785.
{ Abies. *Mirb.* 15, pag. 14 et 44.
{ Pinus. *Mirb.* 15, pag. 38.
{ Abies. *Vent.* 3, p. 583, pl. 24, f. 2.
{ Pinus. *Vent.* 3, p. 586, pl. 24, f. 2.
Pinus. *Ludw. gen.* 1115. *Hall.* 2, p. 312. *Mill.* 393, t. 82. *Guert.* 2, p. 59, t. 91, f. 1. *Juss.* p. 414.

486. PISTACIA, *PISTACHIER. L. g.* 1511. Syst. des plant. 4, pag. 198.
{ Terebinte. *Tourn.* 450, pl. 345.
{ Lentisque. *Tourn.* 451.
{ Terebinthus. *Tourn.* 579, t. 345.
{ Lentiscus. *Tourn.* 580.
{ Terebinthus. *Duham.* 2, p. 305.
{ Lentiscus. *Duham.* 1, pag. 353.
{ Terebinthus. *Ludw. gen.* 1168.
{ Lentiscus. *Ludw. gen.* 1169.
Terebinthus. *Juss.* p. 371. *Vent.* 3, p. 447, pl. 22, f. 2.
Pistachia. *Lam.* pl. 811.

487. PISUM, *POIS. Lin. gen.* 1184. Syst. des plant. 3, pag. 313.
{ Pois. *Tourn.* 314, pl. 215.
{ Ochrus. *Tourn.* 315, pl. 219 et 220.
{ Pisum. *Tourn.* 394, tab. 215.
{ Ochrus. *Tourn.* 396, t. 219 et 220.
Pisum. *Ludw. gen.* 630. *Gaert.* 2, p. 331, t. 152, f. 2. *Lam.* pl. 633. *Juss.* p. 360. *Vent.* 3, p. 417, pl. 22, fig. 1.

488. PLANTAGO, *PLANTAIN. Lin. g.* 186. Syst. des plant. 1, pag. 194.
{ Plantain. *Tourn.* 103, pl. 48.
{ Corne de cerf. *Tourn.* 104, pl. 49.
{ Herbe aux puces. *Tour.* 104, pl. 49.
{ Plantago. *Tourn.* 126, tab. 48.
{ Coronopus. *Tourn.* 128, tab. 49.
{ Psyllium. *Tourn.* 128, tab. 49.
{ Psyllium. *Juss.* pag. 90.
{ Plantago. *Juss.* pag. 90.

{ Plantago. *Vent.* 2, p. 270, pl. 7, fig. 5.
{ Psyllium. *Vent.* 2, p. 270, pl. 7, fig. 5.
Plantago. *Ludw. gen.* 28. *Gaert.* 1, p. 236, t. 51, f. 3. *Hall.* 1, p. 291. *Lam.* pl. 85. *Mirb.* 8, p. 85.

489. PLATANUS, *PLATANE. Lin. g.* 1451. Syst. des plant. 4, pag. 134.
Platane. *Tourn.* 463, pl. 363.
Platanus. *Tourn.* 590, tab. 363. *Duham.* 2, p. 171. *Ludw. g.* 1130. *Gaert.* 2, p. 57, t. 90, f. 5. *Lam.* pl. 783. *Juss.* p. 410. *Vent.* 3, pag. 571, pl. 24, fig. 1.

490. PLUMBAGO, *DENTELAIRE. L. g.* 281. Syst. des plant. 1, pag. 287.
Dentelaire. *Tourn.* 117, pl. 58.
Plumbago. *Tourn.* 140, tab. 58. *Ludw. gen.* 56. *Gaert.* 1, p. 234, t. 50, f. 11. *Lam.* pl. 105. *Mirb.* 8, p. 101. *Juss.* p. 92. *Vent.* 2, p. 277, pl. 8, fig. 1.

491. POA, *PATURIN. Lin. gen.* 114. Syst. des plant. 1, pag. 119.
Poa. *Ludw. gen.* 1048. *Hall.* 2, p. 218. *Lam.* pl. 45. *Koel.* pag. 154, g. 21, t. 22. *Juss.* p. 32. *Vent.* 2, p. 108, pl. 3, f. 3.

492. POHLIA, *POHLIE. Lin. gen.* 1649. Bryum. Syst. des plant. 4, pag. 356.
Pohlia. *Hedw.* musc. 1, p. 96, tab. 36. *Brid.* 1, p. 174, g. 29, t. 4, fig. 30; et t. 4, p. 142. *Swartz*, p. 44, gen. 16.

493. POLEMONIUM, *POLÉMOINE. Lin. gen.* 289.
Syst. des plant. 1, pag. 302.
Polemonium. *Tourn.* 122, pl. 61.
Polemonium. *Tourn.* 146, tab. 61. *Ludw. gen.* 103. *Hall.* 1, pag. 296. *Gaert.* 1, p. 299, t. 62, f. 10. *Lam.* pl. 106. *Buiss.* 7.e liv. p. et pl. 134. *Juss.* p. 136. *Vent.* 2, p. 401, pl. 10, fig. 3.

494. POLYCARPON, *POLYCARPE. L. g.* 138. Syst. des plant. 1, pag. 150.
Herniole. *Tourn.* 407, pl. 288.
Herniaria. *Tourn.* 507, tab. 288.

Alsine. *Ludw. gen.* 753.

Polycarpon. *Gaert.* 2, p. 224, tab. 129, f. 9. *Lam.* pl. 51. *Juss.* p. 299. *Vent.* 3, p. 237, pl. 17, f. 2.

495. POLYCNEMUM, *POLYCNÉME. Lin. gen.* 72.

Syst. des plant. 1, pag. 72.

Pate d'Oie. *Tourn.* 406, pl. 288.

Chænopodium. *Tourn.* 506, t. 288.

Camphorata. *Ludw. gen.* 960.

Polycnemon. *Hall.* 2, pag. 263.

Polycnemum. *Gaert.* 2, p. 211, tab. 128, f. 2. *Lam.* pl. 29. *Juss.* p. 84. *Vent.* 2, p. 256, pl. 7, f. 3.

496. POLYGALA, *POLYGALA. Lin. g.* 1155.

Syst. des plant. 3, pag. 269.

Polygala. *Tourn.* 142, pl. 79.

Polygala. *Tourn.* 174, tab. 79.

Chamæbuxus et Polygaloides. *Dill.* gen. pag. 152, tab. 9.

Chamæbuxus. *Tourn.* Mém. de l'Ac. 1705, pag. 238, pl. 4.

{ Polygala. *Hall.* 1, pag. 148.
{ Polygaloides. *Hall.* 1, pag. 149.

Polygala. *Ludw. gen.* 503. *Mill.* 348, t. 61. *Gaert.* 1, p. 294, t. 62, f. 1. *Lam.* pl. 598. *Mirb.* 8, pag. 148. *Boiss.* 1.re liv. p. et pl. 474. *Juss.* p. 99. *Vent.* 2, p. 296, pl. 8, f. 4.

497. POLYGONUM, *RENOUÉE. Lin. g.* 677.

Syst. des plant. 2, pag. 140.

{ Renouée. *Tourn.* 411, pl. 290.
{ Bistoite. *Tourn.* 412, pl. 291.
{ Persicaire. *Tourn.* 410, pl. 290.
{ Blé noir. *Tourn.* 411, pl. 290.

{ Polygonum. *Tourn.* 510, t. 290.
{ Bistorta. *Tourn.* 511, tab. 291.
{ Persicaria. *Tourn.* 509, tab. 290.
{ Fagopyrum. *Tourn.* 511, t. 290.

{ Polygonum. *Gaert.* 2, pag. 181, tab. 119, fig. 5.
{ Persicaria. *Gaert.* 2, p. 180, tab. 119, fig. 3.

Polygonum. *Duham.* 2, pag. 175. *Ludw. gen.* 995. *Hall.* 2, pag. 256. *Mill.* 280, tab. 27. *Lam.* pl. 315. *Mirb.* 8, p. 5 et 7. *Juss.* pag. 82. *Vent.* 2, p. 250, pl. 7, f. 2.

498. POLYPODIUM, *POLYPODE. L. g.* 1632.

Syst. des plant. 4, pag. 328.

{ Polipode. *Tourn.* 431, pl. 316.
{ Lonkite. *Tourn.* 430, pl. 314.
{ Fougère. *Tourn.* 428, pl. 310, 311, 312 et 313.
{ Filicula. *Tourn.* 432.

{ Polypodium. *Tourn.* 540, t. 316.
{ Lonchitis. *Tourn.* 538, tab. 314.
{ Filix. *Tourn.* 536, tab. 310, 311, 312 et 313.
{ Filicula. *Tourn.* 541.

{ Polypodium. *Lam.* pl. 866.
{ Lonchitis. *Lam.* pl. 868.

Polypodium. *Ludw. g.* 1190. *Hall.* 3, p. 11. *Mill.* 432, t. 101. *Mirb.* 5, p. 75. *Juss.* p. 15. *Vent.* 2, p. 63, pl. 2, fig. 2.

499. POLYTRICHUM, *POLYTRICH. Lin. gen.* 1660.

Syst. des plant. 4, pag. 352.

Mousse. *Tourn.* 438, pl. 326.

Muscus. *Tourn.* 550, tab. 326.

{ Mnium. *Dill.* gen. pab. 84, t. 1, - Musc. p. 5, g. 7, t. 31.
{ Bryum. *Dill.* g. p. 85, t. 2. - Musc. p. 6, g. 11, t. 44 à 54.
{ Polytrichum. *Dill.* gen. pag. 85, tab. 2. - Musc. p. 8, g. 12, tab. 54 et 55.

{ Bryum. *Hall.* 3, pag. 42.
{ Polytrichum. *Hall.* 3, pag. 43.
{ Mnium. *Hall.* 3, pag. 50.

Polytrichum. *Ludw. g.* 1216. *Lam.* pl. 874. *Juss.* p. 11. *Vent.* 2, p. 52, pl. 2, f. 1. *Brid.* 1, p. 158, g. 11, t. 2, f. 12; et t. 2, pag. 80. *Hedw.* fund. 2, p. 90, g. 10, t. 7, fig. 37. - Musc. 1, p. 35, tab. 13. *Swartz*, pag. 75, gen. 24.

500. POPULUS, *PEUPLIER. Lin. g.* 1531.

Syst. des plant. 4, pag. 215.

Peuplier. *Tourn.* 465, pl. 365.

Populus. *Tourn.* 592, tab. 365.

Duham. 2, p. 177. *Ludw. g.* 1175. *Hall.* 2, p. 302. *Mill.* 409, tab. 90. *Gaert.* 2, p. 56, t. 90, f. 4. *Lam.* pl. 819. *Boiss.* 8.e liv. p. et pl. 641. *Juss.* p. 409. *Vent.* 3, p. 555, pl. 24, fig. 1.

501. PORTULACCA, *POURPIER*. *L. g.* 824.
Syst. des plant. 2, pag. 291.
{ Pourpier. *Tourn.* 202, pl. 118.
{ Telephium. *Tourn.* 214, pl. 128.
{ Portulaca. *Tourn.* 236, tab. 118.
{ Telephium. *Tourn.* 248, tab. 128.
Portulaca. *Ludw. gen.* 767. *Gaert.*
2, p. 212, t. 128, f. 4. *Lam.* pl. 402.
Boiss. 11.e liv. p. et !pl. 331. *Mirb.*
13, p. 61. *Hall.* 1, pag. 416. *Juss.*
pag. 312. *Vent.* 3, pag. 259, pl. 19,
fig. 2.

502. POTAMOGETON, *POTAMOGETON*. *L.*
gen. 234.
Syst. des plant. 1, pag. 224.
Potamogeton. *Tourn.* 199, pl. 103.
Potamogeton. *Tourn.* 232, tab. 103.
Ludw. gen. 523. *Hall.* 1, pag. 375.
Mill. 249, tab. 11. *Gaert.* 2, p. 23,
t. 84, f. 5. *Lam.* pl. 89. *Boiss.* 12.e
liv. p. et pl. 100. *Mirb.* 5, p. 216.
Juss. p. 19. *Vent.* 2, p. 81, pl. 2,
fig. 3.

503. POTENTILLA, *POTENTILLE*. *Lin.*
gen. 866.
Syst. des plant. 2, pag. 365.
{ Quintefeuille. *Tourn.* 246, pl. 153.
{ Pentaphylloides. *Tourn.* 247.
{ Fraisier. *Tourn.* 245, pl. 152.
{ Quinquefolium. *Tour.* 296, t. 153.
{ Pentaphylloides. *Tourn.* 298.
{ Fragaria. *Tourn.* 295, tab. 152.
Pentaphylloides. *Duham.* 2, p. 99.
Pentaphyllum. *Gaert.* 1, pag. 349,
tab. 73, fig. 6.
Fragaria. *Hall.* 2, pag. 44.
Potentilla. *Ludw. gen.* 807. *Boiss.*
12.e liv. p. et pl. 353. *Lam.* pl. 442.
Juss. p. 338. *Vent.* 3, p. 346, pl.
21, fig. 2.

504. POTERIUM, *POTÉRIE*. *Lin. g.* 1445.
Syst. des plant. 4, pag. 122.
Pimprenelle. *Tourn.* 129, pl. 68.
Pimpinella. *Tourn.* 156, tab. 68.
Hall. 1, p. 311. *Gaert.* 1, p. 161,
tab. 32, fig. 3.
Sanguisorba. *Ludw. gen.* 22.
Poterium. *Lam.* pl. 777. *Juss.* p. 336.
Vent. 3, p. 340, pl. 21, f. 1.

505. PRASIUM, *PRASE*. *Lin. gen.* 992.
Syst. des plant. 3, pag. 73.
Galeopsis. *Tourn.* 153, pl. 86.
Galeopsis. *Tourn.* 185, tab. 86.
Prasium. *Ludw. gen.* 274. *Lam.* pl.
516. *Juss.* p. 117. *Vent.* 2, p. 349,
pl. 9, fig. 3.

506. PRENANTHES, *PRÉNANTHE*. *Lin.*
gen. 1236.
Syst. des plant. 3, pag. 431.
{ Laitue. *Tourn.* 375, pl. 267.
{ Condrile. *Tourn.* 377, pl. 268.
{ Lactuca. *Tourn.* 473, tab. 267.
{ Chondrilla. *Tourn.* 475, tab. 268.
Prenanthes. *Vaill.* 1721, pag. 193,
g. 3, pl. 7, f. 2 et 18. *Ludw. gen.*
435. *Hall.* 1, p. 9. *Gaert.* 2, p. 358,
t. 158, f. 1. *Juss.* p. 168. *Vent.* 2,
p. 483, pl. 12, f. 3.

507. PRIMULA, *PRIMEVÈRE*. *Lin. g.* 258.
Syst. des plant. 1, pag. 271.
{ Primevère. *Tourn.* 101, pl. 47.
{ Oreille d'Ours. *Tourn.* 99, pl. 46.
{ Primula veris. *Tourn.* 124, t. 47.
{ Auricula Ursi. *Tourn.* 120, t. 46.
{ Primula. *Hall.* 1, pag. 270.
{ Aretia. *Hall.* 1, pag. 273.
Primula. *Ludw. gen.* 81. *Gaert.* 1,
p. 233, t. 50, f. 10. *Lam.* pl. 98.
Boiss. 5.e liv. p. et pl. 121. *Batsch*
1, fasc. 1, p. 26, t. 4, f. 6. *Juss.*
p. 96. *Vent.* 2, p. 289, pl. 8, f. 2.

508. PRUNELLA, *PRUNELLE*. *Lin. g.* 990.
Syst. des plant. 3, pag. 71.
Brunelle. *Tourn.* 151, pl. 84.
Brunella. *Tourn.* 182, tab. 84.
Ludw. gen. 281. *Hall.* 1, p. 120.
Juss. pag. 116. *Vent.* 2, pag. 348,
pl. 9, fig. 3. *Lam.* pl. 516.
Prunella. *Boiss.* 1.re liv. pag. et pl.
413.

509. PRUNUS, *PRUNIER*. *Lin. gen.* 849.
Syst. des plant. 2, pag. 330.
{ Prunier. *Tourn.* 494, pl. 398.
{ Abricotier. *Tourn.* 495, pl. 399.
{ Cérisier. *Tourn.* 496, pl. 401.
{ Laurier Cérise. *Tour.* 498, pl. 403.

{ Prunus. *Tourn.* 622, tab. 398.
{ Armeniaca. *Tourn.* 623, tab. 399.
{ Cerasus. *Tourn.* 625, tab. 401.
{ Laurocerasus. *Tourn.* 627, t. 403.

{ Prunus. *Duham.* 2, pag. 183.
{ Armeniaca. *Duham.* 1, pag. 73.
{ Cerasus. *Duham.* 1, pag. 147.
{ Lauro-Cerasus. *Duham.* 1, p. 345.

{ Cerasus. *Juss.* pag. 340.
{ Prunus. *Juss.* pag 341.
{ Armeniaca. *Juss.* pag. 341.

{ Cerasus. *Vent.* 3, p. 353, pl. 21,
{   fig. 4.
{ Prunus. *Vent.* 3, p. 354, pl. 21,
{   fig. 4.
{ Armeniaca. *Vent.* 3, p. 355, pl.
{   21, fig. 4.

Prunus. *Ludw. gen.* 778. *Hall.* 2,
p. 27. *Gaert.* 2, p. 74, t. 93, fig. 2.
Lam. pl. 432.

510. PSORALEA, *PSORALE. Lin. gen.* 1210.
Syst. des plant. 3, pag. 365.
Tréfle. *Tourn.* 322, pl. 228.
Trifolium. *Tourn.* 404, tab. 228.
Psoralia. *Ludw. gen.* 660.
Psoralea. *Gaert.* 2, p. 308, t. 145,
f. 4. *Lam.* pl. 614. *Boiss.* 8.ᵉ liv. p.
et pl. 502. *Juss.* p. 355. *Vent.* 3, p.
397, pl. 22, f. 1.

511. PTERIS, *PTÉRIDE. Lin. gen.* 1626.
Syst. des plant. 4, pag. 320.
{ Fougére. *Tourn.* 428, pl. 310,
{   311, 312 et 313.
{ Langue de Cerf. *Tourn.* 434, pl.
{   319, 320 et 321.
{ Filix. *Tourn.* 536, tab. 310, 311,
{   312 et 313.
{ Lingua Cervina. *Tourn.* 544, tab.
{   319, 320 et 321.
Filix. *Hall.* 3, pag. 7.
Pteris. *Ludw. gen.* 1193. *Lam.* pl.
869. *Juss.* p. 15. *Vent.* 2, p. 65,
pl. 2, fig. 2.

512. PULMONARIA, *PULMONAIRE. Lin.
gen.* 244.
Syst. des plant. 1, pag. 256.
Pulmonaire. *Tourn.* 112, pl. 55.
Pulmonaria. *Tourn.* 136, tab. 55.
Ludw. gen. 64. *Hall.* 1, pag. 264.

Lam. pl. 93. *Juss.* p. 130. *Vent.* 2,
p. 389, pl. 10, f. 1.

513. PUNICA, *GRENADIER. Lin. g.* 847.
Syst. des plant. 2, pag. 327.
Grenadie . *Tourn.* 500, pl. 407.
Punica. *Tourn.* 636, t. 407. *Duham.*
2, p. 193. *Ludw. gen.* 926. *Mill.*
307, t. 41. *Gaert.* 1, p. 183, t. 38,
f. 1. *Lam.* pl. 415. *Mirb.* 13. p. 100.
Juss. p. 325. *Vent.* 3, p. 328, pl.
20, fig. 1.

514. PYROLA, *PYROLE. Lin. gen.* 752.
Syst. des plant. 2, pag. 213.
Pirole. *Tourn.* 223, pl. 132.
Pyrola. *Tourn.* 256, t. 132. *Ludw.
gen.* 830. *Hall.* 1, p. 430. *Gaert.* 1,
p. 303, t. 63, f. 4. *Lam.* pl. 367.
Juss. p. 161. *Vent.* 2, p. 462, pl.
12, fig. 1.

515. PYRUS, *POIRIER. Lin. gen.* 858.
Syst. des plant. 2, pag. 343.
{ Poirier. *Tourn.* 498, pl. 404.
{ Pommier. *Tourn.* 499, pl. 406.
{ Cognassier. *Tourn.* 499, pl. 405.
{ Pyrus. *Tourn.* 628, tab. 404.
{ Malus. *Tourn.* 634, tab. 406.
{ Cydonia. *Tourn.* 632, tab. 405.
{ Pyrus. *Duham.* 2, pag. 197.
{ Malus. *Duham.* 2, pag. 5.
{ Cydonia. *Duham.* 1, pag. 201.
{ Malus. *Juss.* pag. 334.
{ Pyrus. *Juss.* pag. 335.
{ Cydonia *Juss.* pag. 335.
{ Malus. *Vent.* 3, p. 335, pl. 20,
{   fig. 4.
{ Pyrus. *Vent.* 3, p. 335, pl. 20,
{   fig. 4.
{ Cydonia. *Vent.* 3, p. 336, pl. 20,
{   fig. 4.
Pirus. *Hall.* 2, pag. 34.
Pyrus. *Ludw. gen.* 804. *Mill.* 313,
tab. 44. *Gaert.* 2, p. 44, t. 87, f. 2.
Lam. pl. 435. *Mirb.* 13, p. 121.

Q

516. QUERCUS, *CHÊNE. Lin. gen.* 1447.
Syst. des plant. 4, pag. 124.

{ Rhamnus. *Gaert.* 2, p. 111, tab. 106, fig. 5.
{ Paliurus. *Gaert.* 1, p. 203, tab. 43, fig. 5.
{ Ziziphus. *Gaert.* 1, p. 202, tab. 43, fig. 4.

{ Frangula. *Ludw. gen.* 690.
{ Ziziphus. *Ludw. gen.* 691.
{ Rhamnus. *Ludw. gen.* 692.

{ Rhamnus. *Lam.* pl. 128.
{ Paliurus. *Lam.* pl. 210.
{ Ziziphus. *Lam.* pl. 185.

{ Rhamnus. *Juss.* pag. 380.
{ Ziziphus. *Juss.* pag. 380.
{ Paliurus. *Juss.* pag. 380.

{ Rhamnus. *Vent.* 3, p. 469, pl. 22, fig. 3.
{ Ziziphus. *Vent.* 3, p. 470, pl. 22, fig. 3.
{ Paliurus. *Vent.* 3, p. 471, pl. 22, fig. 3.

Cervispina. *Dill.* gen. p. 145, t. 8.
Rhamnus. *Hall.* 1, pag. 365.

523. RHEUM, *RHUBARBE. Lin. gen.* 692.
Syst. des plant. 2, pag. 160.
Rubarbe. *Tourn.* 75, pl. 18.
Rhabarbarum. *Tourn.* 89, tab. 18.
Rhéum. *Ludw. gen.* 194. *Mill.* 286, t. 30. *Gaert.* 2, p. 117, t. 119, f. 1. *Lam.* pl. 324. *Juss.* p. 82. *Vent.* 2, pag. 251, pl. 7, fig. 2.

524. RHINANTHUS, *RHINANTHE. Lin. gen.* 997.
Syst. des plant. 3, pag. 75.
Pediculaire. *Tourn.* 140, pl. 77.
{ Pedicularis. *Tourn.* 171, tab. 77.
{ Elephas. *Tourn.* Cor. 48, t. 482.
{ Alectorolophus. *Ludw. gen.* 325.
{ Elephas. *Ludw. gen.* 326.
Alectorolophus. *Hall.* 1, pag. 137.
Rhinanthus. *Gaert.* 1, p. 255, t. 54, f. 5. *Lam.* pl. 517. *Boiss.* 2.e liv. p. et pl. 417. *Mirb.* 8, p. 148 et 171. *Juss.* p. 101. *Vent.* 2, p. 300, pl. 8, fig. 4.

525. RHODIOLA, *RHODIOLE. L. g.* 1532.
Syst. des plant. 4, pag. 217.
Orpin. *Tourn.* 230.
Anacampseros. *Tourn.* 264.

Sedum. *Ludw. gen.* 800. *Hall.* 1, pag. 411.
Rhodiola. *Lam.* pl. 819. *Juss.* pag. 307. *Vent.* 3, p. 274, pl. 18, f. 3.

526. RHODODENDRUM, *ROSAGE. L. g.* 746.
Syst. des plant. 2, pag. 206.
Chamærhododendros. *T.* 475, pl. 373.
Chamærhododendros. *Tourn.* 604, tab. 373. *Duham.* 1, pag. 159.
Erica. *Ludw. gen.* 197.
Ledum. *Mich.* 224, tab. 106.
Rhododendrum. *Hall.* 1, pag. 433.
Gaert. 1, pag. 304, tab. 63, fig. 6.
Lam. pl. 364. *Juss.* p. 158. *Vent.* 2, pag. 452, pl. 11, fig. 4.

527. RHUS, *SUMAC. Lin. gen.* 502.
Syst. des plant. 1, pag. 498.
{ Sumac. *Tourn.* 484, pl. 381.
{ Toxicodendron. *T.* 483, pl. 381.
{ Fustet. *Tourn.* 483, pl. 380.
{ Rhus. *Tourn.* 611, tab. 381.
{ Toxicodendron. *Tour.* 610, t. 381.
{ Cotinus. *Tourn.* 610, tab. 380.
{ Rhus. *Duham.* 2, p. 217.
{ Toxicodendron. *Duh.* 2, p. 341.
{ Cotinus. *Duham.* 1, p. 191.
{ Rhus. *Gaert.* 1, p. 205, t. 44, f. 2.
{ Toxicodendron. *Gaert.* 1, p. 207, tab. 44, fig. 5.
Rhus. *Ludw. gen.* 703. *Hall.* 1, p. 368. *Lam.* pl. 207. *Mirb.* 14, p. 40. *Juss.* p. 369. *Vent.* 3, p. 442, pl. 22, fig. 2.

528. RIBES, *GROSELLIER. Lin. gen.* 390.
Syst. des plant. 1, pag. 378.
Groselier. *Tourn.* 501, pl. 409.
Grossularia. *Tourn.* 639, tab. 409.
Duham. 1, p. 277. *Gaert.* 1, p. 143, t. 28, f. 9.
Ribes. *Hall.* 1, p. 363. *Ludw. gen.* 701. *Lam.* pl. 146. *Boiss.* 4.e liv. p. et pl. 153. *Mirb.* 13, p. 51. *Juss.* p. 310. *Vent.* 2, p. 287, pl. 18, f. 4.

529. RICCIA, *RICCIE. Lin. gen.* 1666.
Syst. des plant. 4, pag. 375.
{ Marsilea. *Mich.* 5, t. 4, f. 6.
{ Riccia. *Mich.* 106, tab. 57.
Lichen. *Dill.* musc, p. 10, gen. 20, ord. 3, tab. 78.

Riccia. *Ludw. gen.* 1222. *Hall.* 3,
p. 67. *Lam.* pl. 877. *Juss.* pag. 8.
Vent. 2, p. 39, pl. 1, f. 6.

530. ROBINIA, *ROBINIER. Lin. g.* 1195.
Syst. des plant. 3, pag. 333.
Acacia. *Tourn.* 509, pl. 417.
Pseudoacacia. *Tourn.* 649, t. 417.
Duham. 2, pag. 187.
Robinia. *Ludw. gen.* 638. *Gaert.* 2,
p. 307, t. 145, f. 2. *Lam.* pl. 606.
Batsch, 1, fasc. 1, p. 35, t. 5, f. 8.
Juss. p. 358. *Vent.* 3, p. 408, pl.
22, fig. 1.

531. ROSA, *ROSIER. Lin. gen.* 863.
Syst. des plant. 2, pag. 357.
Rosier. *Tourn.* 500, pl. 408.
Rosa. *Tourn.* 636, t. 408. *Duham.*
2, p. 221. *Ludw. gen.* 815. *Hall.* 2,
p. 38. *Gaert.* 1, p. 347, t. 73, f. 4.
Lam. pl. 440. *Mirb.* 13, p. 121 et
135. *Juss.* p. 335. *Vent.* 3, p. 333,
pl. 20, fig. 5.

532. ROSMARINUS, *ROMARIN. Lin. g.* 49.
Syst. des plant. 1, pag. 45.
Romarin. *Tourn.* 164, pl. 92.
Rosmarinus. *Tourn.* 195, tab. 92.
Duham. 2, p. 229. *Ludw. gen.* 243.
Hall. 1, p. 109. *Lam.* pl. 19. *Juss.*
p. 111. *Vent.* 2, p. 329, pl. 9, f. 3.

533. ROTTBOELLIA, *ROTTBOELLIE. Lin.
gen.* 1573.
Ægylops. Syst. des plant. 4, p. 262.
Rottbollia. *Juss.* pag. 31. *Vent.* 2,
pag. 103, pl. 3, fig. 3.

534. RUBIA, *GARANCE. Lin. gen.* 164.
Syst. des plant. 1, pag. 186.
Garance. *Tourn.* 92, pl. 38.
Rubia. *Tourn.* 113, tab. 38. *Ludw.
gen.* 42. *Hall.* 1, p. 313. *Lam.* pl.
60. *Juss.* p. 197. *Vent.* 2, p. 567,
pl. 13, fig. 1.

535. RUBUS, *RONCE. Lin. gen.* 864.
Syst. des plant. 2, pag. 361.
Ronce. *Tourn.* 487, pl. 385.
Rubus. *Tourn.* 614, t. 385. *Duham.*
2, p. 231. *Ludw. gen.* 814. *Hall.* 2,
p. 41. *Mill.* 315, t. 45. *Gaert.* 1,
pag. 350, t. 73, f. 9. *Lam.* pl. 441.
Boiss. 2.ᵉ liv. pag. et pl. 351. *Juss.*

p. 338. *Vent.* 3, p. 349, pl. 21, f. 2.

536. RUMEX, *PATIENCE. Lin. gen.* 613.
Syst. des plant. 2, pag. 79.
{ Oseille. *Tourn.* 403, pl. 287.
{ Patience. *Tourn.* 404.
{ Epinars. *Tourn.* 424, pl. 308.
{ Acetosa. *Tourn.* 502, tab. 287.
{ Lapathum. *Tourn.* 504.
{ Spinacia. *Tourn.* 533, tab. 308.
Lapathum. *Hall.* 2, pag. 270.
Rumex. *Ludw. gen.* 985. *Mill.* 267,
t. 20. *Gaert.* 2, p. 178, t. 119, f. 2.
Lam. pl. 271. *Mirb.* 8, p. 5 et 17.
Juss. p. 82. *Vent.* 2, p. 251, pl. 7,
fig. 2.

537. RUPPIA, *RUPPIE. Lin. gen.* 235.
Syst. des plant. 1, pag. 226.
Coralline. *Tourn.* 444, pl. 338.
Corallina. *Tourn.* 570, tab. 338.
Buccaferrea. *Mich.* 72, tab. 35.
Ruppia. *Ludw. gen.* 1187. *Gaert.* 2,
pag. 23, t. 84, f. 6. *Lam.* pl. 90.
Mirb. 5, p. 216 et 220. *Juss.* p. 19.
Vent. 2, p. 81, pl. 2, f. 3.

538. RUSCUS, *FRAGON. Lin. gen.* 1559.
Syst. des plant. 4, pag. 237.
Houx-frélon. *Tourn.* 70, pl. 15.
Ruscus. *Tourn.* 79, tab. 15. *Ludw.
gen.* 1136. *Duham.* 2, p. 235. *Hall.*
2, p. 116. *Gaert.* 1, p. 60, tab. 16,
f. 8. *Mill.* 421, t. 96. *Lam.* pl. 835.
Boiss. 10.ᵉ liv. p. et pl. 650. *Mirb.*
6, p. 212. *Juss.* p. 42. *Vent.* 2, p.
147, pl. 4, fig. 1.

539. RUTA, *RUE. Lin. gen.* 725.
Syst. des plant. 2, pag. 186.
Rue. *Tourn.* 224, pl. 133.
Ruta. *Tourn.* 257, tab. 133.
Pseudo-Ruta. *Mich.* 21, tab. 19.
Ruta. *Ludw. gen.* 564. *Hall.* 1, p.
428. *Duham.* 2, p. 239. *Gaert.* 2,
p. 138, t. 111, f. 6. *Lam.* pl. 345.
Boiss. 6.ᵉ liv. p. et pl. 298. *Juss.* p.
297. *Vent.* 3, p. 227, pl. 18, f. 1.

S

540. SACCHARUM, *SUCRE. Lin. gen.* 104.
Syst. des plant. 1, pag. 101.

Saccharum. *Ludw. g.* 1028. *Gaert.*
2, p. 11, t. 82, f. 2. *Lam.* pl. 40.
Mirb. 6, p. 16. *Koel.* p. 122, g. 16,
t. 17. *Juss.* p. 30. *Vent.* 2, p. 100,
pl. 3, fig. 3.

541. SAGINA, *SAGINE. Lin. gen.* 236.
Syst. des plant. 1, pag. 227.
Morgeline. *Tourn.* 208, pl. 126.
Alsine. *Tourn.* 242, t. 126. *Ludw.*
gen. 753. *Hall.* 1, p. 381.
Alsinella. *Dill.* gen. p. 124, t. 6.
Sagina. *Gaert.* 2, p. 225, tab. 129,
f. 10. *Lam.* pl. 90. *Juss.* pag. 300.
Vent. 3, p. 239, pl. 17, f. 2.

542. SAGITTARIA, *SAGITTAIRE. L. g.* 1441.
Syst. des plant. 4, pag. 119.
Sagitta. *Vaill.* 1719, p. 25, gen. 9,
pl. 4. *Dill. g.* 104, t. 4. *Hall.* 2, p. 80.
Sagittaria. *Ludw. gen.* 1082. *Gaert.*
2, p. 21, t. 84, f. 3. *Lam.* pl. 776.
Juss. p. 46. *Vent.* 2, p. 159, pl. 4,
fig. 3.

543. SALICORNIA, *SALICORNE. Lin. g.* 14.
Syst. des plant. 1, pag. 9.
Salicot. *Tourn.* 513.
Salicornia. *Tourn.* Cor. 51, t. 485.
Ludw. gen. 1181. *Gaert.* 2, p. 210,
t. 127, f. 8. *Lam.* pl. 4. *Juss.* p. 86.
Vent. 2, p. 260, pl. 7, f. 3.

544. SALIX, *SAULE. Lin. gen.* 1493.
Syst. des plant. 4, pag. 182.
Saule. *Tourn.* 464, pl. 364.
Salix. *Tourn.* 590, tab. 364. *Ludw.*
gen. 1158. *Hall.* 2, p. 303. *Duham.*
2, p. 243. *Mill.* 399, t. 85. *Gaert.*
2, p. 55, t. 90, f. 3. *Lam.* pl. 802.
Mirb. 14, p. 237. *Boiss.* 10.ᵉ liv. p.
et pl. 629. *Juss.* p. 408. *Vent.* 3,
p. 544, pl. 24, f. 1.

545. SALSOLA, *SOUDE. Lin. gen.* 437.
Syst. des plant. 1, pag 420.
Soude. *Tourn.* 213, pl. 128.
Kali. *Tourn.* 247, tab. 128. *Ludw.*
gen. 968.
Chenopodium. *Duham.* 1, p. 163.
Salsola. *Gaert.* 1, p. 359, t. 75, f. 4.
Lam. pl. 181. *Juss.* p. 85. *Vent.* 2,
p. 257, pl. 7, f. 3.

546. SALVIA, *SAUGE. Lin. gen.* 50.

Syst. des plant. 1, pag. 45.
{ Sauge. *Tourn.* 148, pl. 83.
{ Ormin. *Tourn.* 147, pl. 82.
{ Toute-bonne. *Tourn.* 148, pl. 82.
{ Salvia. *Tourn.* 180, tab. 83.
{ Horminum. *Tourn.* 178, tab. 82.
{ Sclarea. *Tourn.* 179, tab. 82.
Salvia *Duham.* 2, p. 251. *Ludw.*
gen. 242. *Hall.* 1, p. 110. *Gaert.* 1,
pag. 316, t. 66, f. 4. *Lam.* pl. 20.
Boiss. 11.ᵉ liv. p. et pl. 23. *Juss.* p.
111. *Vent.* 2, p. 330, pl. 9, f. 3.

547. SALVINIA, *SALVINIE. Lin. g.* 1617.
Marsilea. Syst. des plant. 4, p. 343.
Marsilea. *Ludw. gen.* 1242.
Salvinia. *Mich.* 107, tab. 58. *Lam.*
pl. 863. *Mirb.* 5, pag. 137 et 143.
Juss. p. 16. *Vent.* 2, p. 70, pl. 2,
fig. 2.

548. SAMBUCUS, *SUREAU. Lin. gen.* 505.
Syst. des plant. 1, pag. 503.
Sureau. *Tourn.* 478, pl. 376.
Sambucus. *Tourn.* 606, tab. 376.
Ludw. gen. 159. *Hall.* 1, pag. 298.
Duham. 2, p. 253. *Gaert.* 1, pag.
137, tab. 27, fig. 7. *Lam.* pl. 211.
Boiss. 10.ᵉ liv. p. et pl. 222. *Juss.*
p. 214. *Vent.* 2, p. 604, f. 2.

549. SAMOLUS, *SAMOLE. Lin. gen.* 294.
Syst. des plant. 1, pag. 313.
Samolus. *Tourn.* 119, pl. 60.
Samolus. *Tourn.* 143, tab. 60.
Ludw. gen. 72. *Hall* 1, pag. 312.
Gaert. 1, p. 146, t. 30, f. 1. *Lam.*
pl. 101. *Boiss.* 9.ᵉ liv. p. et pl. 138.
Juss. p. 97. *Vent.* 4, p. 15.

550. SANGUISORBA, *PIMPRENELLE. Lin.*
gen. 190.
Syst. des plant. 1, pag. 201.
Pimprenelle. *Tourn.* 129, pl. 68.
Pimpinella. *Tourn.* 156, tab. 68.
Hall. 1, p. 311. *Gaert.* 1, p. 161,
tab. 32, fig. 3.
Sanguisorba. *Ludw. gen.* 22. *Lam.*
pl. 85. *Juss.* p. 336. *Vent.* 3, pag.
341, pl. 21, fig. 1.

551. SANICULA, *SANICLE. Lin. gen.* 458.
Syst. des plant. 1, pag. 441.
Sanicle. *Tourn.* 277, pl. 173.
Sanicula.

Syst. des plant. 1 , pag. 86.

{ Cyperella. *Mich.* 53 , tab. 31.
{ Pseudo-Cyperus. *Mich.* 54 , tab. 31.
{ Melanoschœnus. *Mich.* 46 , t. 31.

{ Scirpus. *Hall.* 2 , pag. 176.
{ Mariscus. *Hall.* 2 , pag. 179.

{ Mariscus. *Gaert.* 1 , p. 11 , tab. 2 ,
{   fig. 5.
{ Scleria. *Gaert.* 1 , p. 13 , tab. 2 ,
{   fig. 7.

Crypsis. *Koel.* p. 59 , g. 8 , t. 9.
Schœnus. *Ludw. gen.* 1062. *Lam.*
pl. 38. *Juss.* p. 27. *Vent.* 2 , p. 91 ,
pl. 3 , fig. 2.

561. SCILLA , *SCILLE. Lin. gen.* 567.
Syst. des plant. 2 , pag. 42.

{ Lis-Jacinthe. *Tourn.* 298 , pl. 196.
{ Ornithogalum. *Tour.* 301 , pl. 203.

{ Lilio – Hyacinthus. *Tourn.* 371 ,
{   tab. 196.
{ Ornithogalum. *Tourn.* 378 , t. 203.

Phalangium. *Ludw. gen.* 899.
Scilla. *Lam.* pl. 238. *Boiss.* 4.e liv.
p. et pl. 252. *Batsch* , 1 , fasc. 1 , p.
16 , t. 3 , f. 4. *Juss.* p. 53. *Vent.* 2 ,
pag. 165 , pl. 4 , fig. 4.

562. SCIRPUS , *SCIRPE. Lin. gen.* 94.
Syst. des plant. 1 , pag. 93.

{ Scirpus. *Tourn.* 420 , pl. 300.
{ Souchet. *Tourn.* 419 , pl. 299.

{ Scirpus. *Tourn.* 528 , tab. 300.
{ Cyperus. *Tourn.* 527 , tab. 299.

{ Scirpus. *Mich.* 49 , tab. 31.
{ Scirpo-Cyperus. *Mich.* 46 , t. 31.
{ Scirpoides. *Mich.* 52 , tab. 31.

{ Scirpus. *Gaert.* 1 , p. 10 , t. 2 , f. 3.
{ Scleria. *Gaert.* 1 , p. 13 , t. 2 , f. 7.

Scirpus. *Ludw. gen.* 1060. *Hall.* 2 ,
p. 176. *Lam* pl. 38. *Mirb.* 5 , pag.
289. *Juss.* p. 27. *Vent.* 2 , pag. 92 ,
pl. 3 , fig. 2.

563. SCLERANTHUS , *KNAVEL. L. g.* 767.
Syst. des plant. 2 , pag. 228.
Pié de lion. *Tourn.* 408 , pl. 289.
Alchimilla. *Tourn.* 508 , tab. 289.
Knawel. *Dill. gen.* pag. 94 , tab. 3.
Scleranthus. *Ludw. gen.* 999. *Hall.*
2 , p. 254. *Gaert.* 2 , p. 196 , t. 126 ,
f. 2. *Lam.* pl. 374. *Juss.* pag. 314.

Vent. 3 , pag. 262 , pl. 19 , fig. 2.

564. SCOLYMUS , *SCOLYME. Lin. g.* 1252.
Syst. des plant. 3 , pag. 457.
Epine-jaune. *Tourn.* 382 , pl. 273.
Scolymus. *Tourn.* 480 , tab. 273.
Vaill. 1721 , p. 218 , g. 6 , pl. 7 , fig.
41 et 42. *Ludw. gen.* 442. *Gaert.* 2 ,
p. 355 , t. 157 , f. 4. *Lam.* pl. 659.
Juss. p. 171. *Vent.* 2 , p. 493 , pl.
12 , fig. 3.

565. SCORPIURUS , *CHENILLETTE. Lin. g.*
1201.
Syst. des plant. 3 , pag. 342.
Chenille. *Tourn.* 320 , pl. 226.
Scorpioides. *Tourn.* 402 , tab. 226.
Scorpiurus. *Ludw. gen.* 646. *Gaert.*
2 , p. 345 , t. 155 , f. 4. *Lam.* pl. 631.
Boiss. 3.e liv. pag. et pl. 496. *Juss.*
p. 361. *Vent.* 3 , p. 421 , pl. 22 , f. 1.

566. SCORZONERA , *SCORZONÉRE. Lin.*
gen. 1230.
Syst. des plant. 3 , pag. 422.

{ Scorsonére. *Tourn.* 378 , pl. 269.
{ Barbe de Bouc. *Tour.* 379 , pl. 270.

{ Scorzonera. *Tourn.* 476 , t. 269.
{ Tragopogon. *Tourn.* 477 , t. 270.

{ Scorzonera. *Vaill.* 1721 , p. 207 ,
{   g. 4 , pl. 7 et 8 , f. 53 , 13 ou 16 et 14.
{ Scorzoneroides. *Vaill.* 1721 , pag.
{   209 , gen. 5.

Scorzonera. *Ludw. gen.* 441. *Hall.*
1 , p. 5. *Gaert.* 2 , p. 367 , tab. 159 ,
f. 1. *Lam.* pl. 647. *Juss.* pag. 170.
Vent. 2 , p. 489 , pl. 12 , f. 3.

567. SCROPHULARIA , *SCROPHULAIRE. L.*
gen. 1014.
Syst. des plant. 3 , pag. 101.
Scrofulaire. *Tourn.* 135 , pl. 74.
Scrophularia. *Tourn.* 166 , tab. 74.
Ludw. gen. 337. *Hall.* 1 , pag. 140.
Gaert. 1 , p. 249 , t. 53 , f. 8. *Lam.*
pl. 533. *Batsch* , 1 , fasc. 2 , p. 62 ,
t. 16 , f. 29. *Juss.* p. 119. *Vent.* 2 ,
p. 358 , pl. 9 , f. 4.

568. SCUTELLARIA , *TOQUE. Lin. g.* 989.
Syst. des plant. 3 , pag. 69.
Toque. *Tourn.* 150 , pl. 84.
Cassida. *Tourn.* 181 , t. 84. *Ludw.*
gen. 282. *Hall.* 1 , p. 122.

Scutellaria. *Lam.* pl. 515. *Boiss.*
1.re liv. p. et pl. 412. *Juss.* p. 117.
Vent. 2, p. 349, pl. 9, f. 3.
569. SECALE, *SEIGLE. Lin. gen.* 127.
Syst. des plant. 1, pag. 142.
Ségle. *Tourn.* 414, pl. 294.
Secale. *Tourn.* 513, t. 294. *Ludw.*
gen. 1042. *Hall.* 2, p. 206. *Gaert.* 2,
p. 9, t. 81, f. 2. *Lam.* pl. 49. *Mirb.*
6, p. 55. *Koel.* p. 367, g. 35, t. 36.
Juss. p. 32. *Vent.* 2, p. 107, pl. 3,
fig. 3.
570. SEDUM, *ORPIN. Lin. gen.* 789.
Syst. des plant. 2, pag. 258.
{ Joubarbe, *Tourn.* 229, pl. 140.
{ Orpin. *Tourn.* 230.
{ Sedum. *Tourn.* 262, tab. 140.
{ Anacampseros. *Tourn.* 264.
Sedum. *Ludw. gen.* 800. *Hall.* 1,
p. 408. *Gaert.* 1, p. 313, t. 65, f. 7.
Lam. pl. 390. *Mirb.* 13, pag. 31.
Boiss. 2.^e liv. p. et pl. 322. *Juss.* p.
307. *Vent.* 3, p. 274, pl. 18, f. 3.
571. SELINUM, *SELIN. Lin. gen.* 470.
Syst. des plant. 1, pag. 456.
{ Thysselinum. *Tourn.* 269.
{ Angelique. *Tourn.* 262, pl. 167.
{ Thysselinum. *Tourn.* 319.
{ Angelica. *Tourn.* 313, tab 167.
Selinum. *Ludw. gen.* 847. *Hall.* 1,
p. 354. *Gaert.* 1, p. 89, t. 21, f. 8.
Lam. pl. 200. *Juss.* p. 223. *Vent.*
3, pag. 28, pl. 13, fig. 4.
572. SEMPERVIVUM, *JOUBARBE. Lin.*
gen. 837.
Syst. des plant. 2, pag. 312.
Joubarbe. *Tourn.* 229, pl. 140.
Sedum. *Tourn.* 262, t. 140. *Ludw.*
gen. 800. *Hall.* 1, pag. 408.
Serpervivum. *Mill.* 305, tab. 40.
Gaert. 1, p. 314, t. 65, f. 8. *Lam.*
pl. 413. *Mirb.* 13, p. 34. *Boiss.* 2.^e
liv. p. et pl. 337. *Juss.* p. 307. *Vent.*
3, p. 275, pl. 18, f. 3.
573. SENECIO, *SENEÇON. Lin. gen.* 1290.
Syst. des plant. 3, pag. 530.
{ Seneçon. *Tourn.* 361, pl. 260.
{ Jacobée. *Tourn.* 385, pl. 276.
{ Doronic. *Tourn.* 388, pl. 277.

{ Senecio. *Tourn.* 456, tab. 260.
{ Jacobæa. *Tourn.* 485, tab. 276.
{ Doronicum. *Tourn.* 487, tab. 277.
{ Senecio. *Vaill.* 1719, p. 306, gen.
{   8, pl. 20, f. 1, 37 ou 38 et 28.
{ Jacobæa. *Vaill.* 1720, pag. 296,
{   gen. 3.
{ Senecio. *Gaert.* 2, p. 400, t. 166,
{   fig. 3.
{ Jacobæa. *Gaert.* 2, p. 445, t. 170,
{   fig. 1.
Senecio. *Ludw. gen.* 462. *Hall.* 1,
p. 25. *Lam.* pl. 676. *Mirb.* 10, p.
196. *Juss.* p. 181. *Vent.* 2, p. 540,
pl. 12, fig. 5.
574. SERAPIAS, *HELLÉBORINE. Lin. gen.*
1371.
Syst. des plant. 4, pag. 19.
{ Elleborine. *Tourn.* 344, pl. 249.
{ Orchis. *Tourn.* 343, pl. 247 et 248.
{ Helleborine. *Tourn.* 436, t. 249.
{ Orchis. *Tourn.* 431, t. 247 et 248.
Helleborine. *Ludw. gen.* 883.
Orchis. *Hall.* 2, pag. 131.
Serapias. *Gaert.* 1, p. 46, t. 14, f. 5.
Lam. pl. 728. *Juss.* p. 65. *Vent.* 2,
pag. 209, pl. 5, fig. 3.
575. SERIOLA, *SERIOLE. Lin. gen.* 1245.
Syst. des plant. 3, pag. 450.
Achyrophorus. *Vaill.* 1721, p. 213,
g. 2, pl. 7, f. 52, 28, 13 ou 21 et 18.
Seriola. *Gaert.* 2, p. 370, tab. 159,
f. 5. *Lam.* pl. 656. *Mirb.* 10, p. 81
et 107. *Juss.* pag. 171. *Vent.* 2, p.
491, pl. 12, fig. 3.
576. SERRATULA, *SARRETTE. L. g.* 1264.
Syst. des plant. 3, pag. 459.
{ Jacée. *Tourn.* 352, pl. 254.
{ Cirsium. *Tourn.* 354, pl. 255.
{ Jacea. *Tourn.* 443, tab. 254.
{ Cirsium. *Tourn.* 447, tab. 255.
{ Carduus. *Hall.* 1, pag. 71.
{ Cirsium. *Hall.* 1, pag. 73.
Serratula. *Dill. gen.* pag. 138, t. 8.
Ludw. gen. 410. *Gaert.* 2, p. 379,
t. 162, f. 4. *Lam.* pl. 666. *Juss.* p.
174. *Vent.* 2, p. 505, pl. 12, t. 4.
577. SESELI, *SESELI. Lin. gen.* 492.
Syst. des plant. 1, pag. 486.

Fenouil. *Tourn.* 260, pl. 164.
Fœniculum. *Tourn.* 311, tab. 164.
Seseli. *Ludw. gen.* 859. *Hall.* 1, p.
334. *Lam.* pl. 202. *Juss.* pag. 220.
Vent. 3, p. 13, pl. 13, f. 4.

578. SHERARDIA, *SHERARDE. L. g.* 156.
Syst. des plant. 1, pag. 177.
Grateron. *Tourn.* 93, pl. 39.
Aparine. *Tourn.* 114, tab. 39.
Sherardia. *Dill.* gen. pag. 96, t. 3.
Ludw. gen. 1017. *Hall.* 1, p. 321.
Gaert. 1, p. 110, t. 24, f. 2. *Lam.*
pl. 61. *Boiss.* 12.ᵉ liv. p. et pl. 77.
Juss. p. 196. *Vent.* 2, p. 565, pl.
13, fig. 1.

579. SIBBALDIA, *SIBBALDIE. Lin. g.* 536.
Syst. des plant. 1, pag. 530.
· Fraisier. *Tourn.* 245, pl. 152.
Fragaria. *Tourn.* 295, tab. 152.
Hall. 2, pag. 44.
Potentilla. *Ludw. gen.* 807.
Sibbaldia. *Gaert.* 1, p. 348, t. 73,
f. 5. *Lam.* pl. 221. *Boiss.* 5.ᵉ liv. p.
et pl. 236. *Juss.* p. 337. *Vent.* 3, p.
345, pl. 21, fig. 1.

580. SIBTHORPIA, *SIBTHORPE. L. g.* 1038.
Syst. des plant. 3, pag. 123.
Sibthorpia. *Ludw. gen.* 31. *Gaert.* 1,
pag. 261, t. 55, f. 6. *Lam.* pl. 535.
Mirb. 8, p. 148 et 162. *Juss.* p. 99.
Vent. 2, p. 298, pl. 8, f. 4.

581. SIDERITIS, *CRAPAUDINE. L. g.* 966.
Syst. des plant. 3, pag. 27.
{ Crapaudine. *Tourn.* 159, pl. 90.
{ Stachys. *Tourn.* 154, pl. 86.
{ Marrubiastrum. *Tour.* 158, pl. 89.
{ Sideritis. *Tourn.* 191, tab. 90.
{ Stachys. *Tourn.* 186, tab. 86.
{ Marrubiastrum. *Tour.* 190, t. 89.
Betonica. *Ludw.* gen. 283. *Hall.* 1,
pag. 114.
Sideritis. *Lam.* pl. 505. *Boiss.* 9.ᵉ
liv. pag. et pl. 392. *Juss.* pag. 113.
Vent. 2, p. 336, pl. 9, f. 3.

582. SILENE, *CORNILLET. Lin. gen.* 772.
Syst. des plant. 2, pag. 240.
Lychnis. *Tourn.* 280, pl. 175.
Lychnis. *Tourn.* 333, tab. 175.
Ludw. gen. 757.

Viscago. *Hall.* 1, pag. 396.
Silene. *Gaert.* 2, p. 233, tab. 130,
f. 8. *Lam.* pl. 377. *Boiss.* 6.ᵉ liv.
p. et pl. 316 *Batsch*, 1, fasc. 2,
p. 44, t. 14, f. 27. *Juss.* pag. 302.
Vent. 3, p. 246, pl. 17, f. 2.

583. SINAPIS, *MOUTARDE. Lin. g.* 1097.
Syst. des plant. 3, pag. 197.
{ Moutarde. *Tourn.* 193, pl. 112.
{ Velar. *Tourn.* 194, pl. 111.
{ Sinapi. *Tourn.* 227, tab. 112.
{ Erysimum. *Tourn.* 228, tab. 111.
Sinapi. *Ludw. gen.* 533. *Hall.* 1,
pag. 201.
Sinapis. *Gaert.* 2, p. 299, t. 143,
f. 4. *Lam.* pl. 566. *Juss.* pag. 238.
Vent. 3, p. 100, pl. 15, f. 2.

584. SISON, *SISON. Lin. gen.* 481.
Syst. des plant. 1, pag. 472.
{ Carvi. *Tourn.* 255, pl. 160.
{ Berle. *Tourn.* 258, pl. 162.
{ Fenouil. *Tourn.* 260, pl. 164.
{ Carvi. *Tourn.* 306, tab. 160.
{ Sium. *Tourn.* 308, tab. 162.
{ Fœniculum. *Tourn.* 311, tab. 164.
Sium. *Hall.* 1, p. 345. *Lam.* pl. 197.
Vent. 3, p. 20, pl. 13, f. 4.
Sison. *Ludw. gen.* 876. *Boiss.* 3.ᵉ
liv. p. et pl. 201. *Juss.* p. 221.

585. SISYMBRIUM, *SISYMBRE. L. g.* 1089.
Syst. des plant. 3, pag. 177.
{ Velar. *Tourn.* 194, pl. 111.
{ Sisymbrium. *Tourn.* 192, pl. 109.
{ Juliene. *Tourn.* 189, pl. 108.
{ Roquette. *Tourn.* 193, pl. 111.
{ Moutarde. *Tourn.* 193, pl. 112.
{ Erysimum. *Tourn.* 228, tab. 111.
{ Sisymbrium. *Tourn.* 225, t. 109.
{ Hesperis. *Tourn.* 222, tab. 108.
{ Eruca. *Tourn.* 226, tab. 111.
{ Sinapi. *Tourn.* 227, tab. 112.
{ Sisymbrium. *Vent.* 3, p. 104, pl.
{ 15, fig. 2.
{ Radicula. *Vent.* 3, p. 104, pl. 15,
{ fig. 2.
Radicula. *Dill.* gen. p. 121, t. 6.
Sisymbrium. *Ludw. g.* 535. *Hall.* 1,
p. 209. *Lam.* pl. 565. *Juss.* p. 239.

586. SIUM, *BERLE. Lin. gen.* 480.

Syst. des plant. 1 , pag. 471.
{ Berle. *Tourn.* 258 , pl. 162.
{ Chervi. *Tourn.* 258 , pl. 163.
{ Ammi. *Tourn.* 254 , pl. 159.
{ Sium. *Tourn.* 308 , tab. 162.
{ Sisarum. *Tourn.* 308 , tab. 163.
{ Ammi. *Tourn.* 304 , tab. 159.
Falcaria. *Dill.* 98 , tab. 3.
Sium. *Ludw. gen.* 875. *Hall.* 1 ,
p. 345. *Gaert.* 1 , p. 104 , t. 23 , f. 4
Lam. pl. 197. *Juss* p. 222. *Vent.* 3 ,
pag. 20 , pl. 13 , fig. 4.
587. SMILAX, *SMILAX. Lin. gen.* 1528.
Syst. des plant. 4 , pag. 210.
Smilax. *Tourn.* 512 , pl. 421.
Smilax. *Tourn.* 654 , t. 421. *Duh.*
2 , p. 267. *Ludw. gen.* 1156. *Lam.*
pl. 817. *Juss.* p. 42. *Vent.* 2 , pag.
148 , pl. 4 , fig. 1.
588. SMYRNIUM, *MACÉRON. Lin. g.* 495.
Syst. des plant. 1 , pag. 490.
Maceron. *Tourn.* 265 , pl. 168.
Smyrnium. *Tourn.* 315 , tab. 168.
Ludw. gen. 871. *Gaert.* 1 , p. 101 ,
t. 22 , f. 11. *Lam.* pl. 204. *Juss.* p.
219. *Vent.* 3 , p. 12 , pl. 13 , f. 4.
589. SOLANUM, *MORELLE. Lin. g.* 337.
Syst. des plant. 1 , pag. 343.
{ Morelle. *Tourn.* 124 , pl. 62.
{ Mayenne. *Tourn.* 126 , pl 65.
{ Pomme-dorée. *Tourn.* 125 , pl. 63.
{ Solanum. *Tourn.* 148 , tab. 62.
{ Melongena. *Tourn.* 151 , tab. 65.
{ Lycopersicon. *Tourn.* 150 , t. 63.
Solanum. *Duham.* 2 , p. 269. *Ludw.*
gen. 129. *Hall.* 1 , p. 248. *Gaert.* 2 ,
p. 239 , t. 131 , f. 4. *Lam.* pl. 115.
Batsch , 1 , fasc. 1 , pag. 88 , t. 10 ,
f. 18. *Juss.* p. 126. *Vent.* 2 , p. 373 ,
pl. 9 , fig. 5.
590. SOLDANELLA , *SOLDANELLE. Lin.*
gen. 260.
Syst. des plant. 1 , pag. 274.
Soldanéle. *Tourn.* 72 , pl. 16.
Soldanella. *Tourn.* 82 , tab. 16.
Ludw. gen. 83. *Hall.* 1 , pag. 280.
Lam. pl. 99. *Juss.* p. 97. *Vent.* 2 ,
p. 290 , pl. 8 , f. 2.
591. SOLIDAGO, *VERGE-D'OR. L. g.* 1292.

Syst. des plant. 3 , pag. 542.
Verge dorée. *Tourn.* 385 , pl. 275.
Virga aurea. *Tourn.* 483 , tab. 275.
Doria. *Dill* gen. 143 , tab. 8.
{ Solidago. *Vaill.* 1720 , pag. 294 ,
{ g. 4 , pl. 9 , f. 5 , 46 et 18.
{ Virga aurea. *Vaill.* 1720 , p. 306 ,
{ g. 8 , pl. 9 , f. 24.
Solidago. *Ludw. gen.* 459. *Gaert.* 2 ,
p. 447 , t. 170 , f. 5. *Hall.* 1 , p. 29.
Lam. pl. 680. *Juss.* p. 181. *Vent.* 2 ,
p. 538 , pl. 12 , fig. 5.
592. SONCHUS, *LAITRON. Lin. gen.* 1233.
Syst. des plant. 3 , pag. 425.
{ Laitron. *Tourn.* 376 , pl. 268.
{ Laitue. *Tourn.* 375 , pl. 267.
{ Sonchus. *Tourn.* 474 , tab. 268.
{ Lactuca. *Tourn.* 473 , tab. 267.
{ Sonchus. *Vaill.* 1721 , pag. 196 ,
{ gen. 6 , pl. 7 , fig. 22.
{ Crepis. *Vaill.* 1721 , p. 195 , g. 5 ,
{ pl. 7 et 8 , fig. 55 et 23.
Sonchus. *Ludw. gen.* 438. *Hall.* 1 ,
p. 9. *Gaert.* 2 , p. 359 , t. 158 , f. 2.
Lam. pl. 649. *Boiss.* 10.ᵉ liv. p. et
pl. 512. *Juss.* p. 169. *Vent.* 2 , pag.
484 , pl. 12 , fig. 3.
593. SORBUS, *SORBIER. Lin. gen.* 855.
Syst. des plant. 2 , pag. 339.
Sorbier. *Tourn.* 499.
Sorbus. *Tourn.* 633.
Mespilus. *Hall.* 2 , pag. 30.
Pyrus. *Gaert.* 2 , p. 44 , t. 87 , f. 2.
Sorbus. *Duham.* 2 , p. 271. *Ludw.*
gen. 794. *Mill.* 311 , t. 43. *Lam.* pl.
434. *Juss.* p. 335. *Vent.* 3 , p. 337 ,
pl. 20 , fig. 4.
594. SPARGANIUM, *RUBANIER. L. g.* 1402.
Syst. des plant. 4 , pag. 76.
Sparganium. *Tourn.* 422 , pl. 302.
Sparganium. *Tourn.* 530 , tab. 302.
Ludw. gen. 1101. *Hall.* 2 , p. 162.
Gaert. 1 , p. 75 , t. 19 , f. 4. *Lam.* pl.
748. *Juss.* p. 26. *Vent.* 2 , p. 89 ,
pl. 3 , fig. 1.
595. SPARTIUM, *SPARTIE. Lin. gen.* 1166.
Syst. des plant. 3 , pag. 280.
{ Spartium. *Tourn.* 504 , pl. 412.
{ Genet. *Tourn.* 503 , pl. 411.

Genista-Spartium. *Tourn.* 5o5, pl. 412.

Citise. *Tourn.* 507, pl. 416.

Cytiso-Genista. *Tourn.* 5o8.

Spartium. *Tourn.* 644, tab. 412.

Genista. *Tourn.* 643, tab. 411.

Genista-Spartium. *T.* 645, t. 412.

Cytisus. *Tourn.* 647, tab. 416.

Cytiso-Genista. *Tourn.* 649.

Genista. *Duham.* 1, pag. 257.

Cytiso-Genista. *Duham.* 1, p. 2o3.

Genista. *Ludw. gen.* 657. *Juss.* pag. 353.

Spartium. *Gaert.* 2, p. 338, t. 153, f. 4. *Hall.* 1, p. 154. *Lam.* pl. 619, f. 1. *Boiss.* 9.e liv. pag. et pl. 475. *Vent.* 3, p. 387, pl. 22, f. 1.

596. SPERGULA, *SPARGOUTE. Lin. g.* 798.
Syst. des plant. 2, pag. 273.

Morgeline. *Tourn.* 208, pl. 126.

Alsine. *Tourn.* 242, t. 126. *Ludw. gen.* 753. *Hall.* 1, pag. 382.

Spergula. *Dill. gen.* p. 131, tab. 7. *Gaert.* 2, p. 230, t. 13o, f. 4. *Lam.* pl. 392. *Boiss.* 7.e liv. p. et pl. 327. *Juss.* p. 3o1. *Vent.* 3, p. 242, pl. 17, fig. 2.

597. SPHÆRIA, *SPHÉRIE. Lin. gen.* 1684.

Lichen-Agaricus. *Mich.* 104, ord. 2, tab. 55.

Ceratospermum. *Mich.* 125, t. 56.

Sphæria. *Hall.* 3, pag. 120.

Ceratospermum. *Hall.* 3, p. 126.

Variolaria. *Bull.* 181, pl. 492.

Hypoxylon. *Bull.* 167, pl. 444.

Sphæria. *Lam.* pl. 879. *Hoffm.* 1, pag. 1, tab. 1, fig. 1. *Juss.* p. 7.

598. SPHAGNUM, *SPHAGNE. Lin. g.* 1637.
Syst. des plant. 4, pag. 349.

Hedwigia. *Hedw.* fund. 2, p. 85, g. 2, t. 1, f. 1.–Musc. 1, p. 107, tab. 40.

Neckera. *Hedw.* musc. 3, p. 38, tab. 15.

Sphagnum. *Dill. gen.* p. 86, tab. 2. –Musc. p. 5, g. 8, t. 32. *Ludw. gen.* 1212. *Hall.* 3, p. 23. *Lam.* pl. 872. .. *Brid.* 1, p. 15o, g. 2, t. 1, f. 2; et t. 2, p. 21.. *Swartz*, p. 18., gen. 2.

Juss. p. 12. *Vent.* 2, p. 52, pl. 2, fig. 1.

599. SPIRÆA, *SPIRÉE. Lin. gen.* 862.
Syst. des plant. 2, pag. 354.

Spiræa. *Tourn.* 490, pl. 389.

Filipendule. *Tourn.* 243, pl. 15o.

Reine des prés. *Tour.* 231, pl. 141.

Barbe de Chèvre. *T.* 231, pl. 141.

Spiræa. *Tourn.* 618, tab. 389.

Filipendula. *Tourn.* 293, tab. 15o.

Ulmaria. *Tourn.* 265, tab. 141.

Barba Capræ. *Tourn.* 265, t. 141.

Filipendula. *Hall.* 2, pag. 54.

Spiræa. *Duham.* 2, p. 277. *Ludw. gen.* 863. *Gaert.* 1, p. 337, tab. 69, f. 5. *Lam.* pl. 439. *Mirb.* 13, pag. 145 et 161. *Boiss.* 1.re liv. p. et pl. 349. *Juss.* p. 339. *Vent.* 3, p. 351, pl. 21, fig. 3.

600. SPLACHNUM, *SPLACHNE. L. g.* 1641.
Syst. des plant. 4, pag. 352.

Muscus, species nova. *Dill.* musc. pag. 10, n.o 9, tab. 83.

Bryum. *Hall.* 3, pag. 43.

Splachnum. *Ludw. gen.* 1217. *Lam.* pl. 874. *Juss.* p. 11. *Vent.* 2, p. 5o, pl. 2, f. 1. *Hedw.* fund. 2, p. 88, g. 6, t. 7, f. 33. –Musc. 2, p. 35, t. 11. *Brid.* 1, p. 159, g. 12, t. 2, f. 13; et t. 2, p. 102. *Swartz*, pag. 22, gen. 5.

601. STACHYS, *STACHYDE. Lin. gen.* 974.
Syst. des plant. 3, pag. 40.

Stachys. *Tourn.* 154, pl. 86.

Galeopsis. *Tourn.* 153, pl. 86.

Marrubiastrum. *Tour.* 158, pl. 89.

Bétoine. *Tourn.* 171, pl. 96.

Stachys. *Tourn.* 186, tab. 86.

Galeopsis. *Tourn.* 185, tab. 86.

Marrubiastrum. *Tourn.* 190, t. 89.

Betonica. *Tourn.* 202, tab. 96.

Stachys. *Ludw. gen.* 273. *Hall.* 1, p. 112. *Lam.* pl. 5o9. *Juss.* p. 114. *Vent.* 2, p. 339, pl. 9, f. 3.

602. STEHÆLINA, *STÉHÉLINE. Lin. gen.* 1274.
Syst. des plant. 3, pag. 490.

Jacée. *Tourn.* 352, pl. 254.

Jacea. *Tourn.* 443, tab. 254.

Serratula. *Lam.* pl. 666. *Vent.* 2, p. 505, pl. 12, f. 4.

Stehælina. *Ludw. gen.* 411. *Juss.* p. 175.

603. STAPHYLEA, *STAPHYLIN. L. g.* 507.
Syst. des plant. 1, pag. 505.
Nezcoupez. *Tourn.* 488, pl. 386.
Staphyllodendron. *Tourn.* 616, tab. 386. *Duham.* 2, p. 281. *Ludw. gen.* 699.
Staphylea. *Hall.* 1, p. 370. *Gaert.* 1, p. 334, t. 69, f. 1. *Lam.* pl. 210. *Boiss.* 11.ᵉ liv. p. et pl. 223. *Juss.* p. 377. *Vent.* 3, p. 462, pl. 22, t. 3.

604. STATICE, *STATICE. Lin. gen.* 527.
Syst. des plant. 1, pag. 516.
{ Statice. *Tourn.* 283, pl. 177.
{ Limonium. *Tourn.* 284, pl. 177.
{ Statice. *Tourn.* 341, tab. 177.
{ Limonium. *Tourn.* 341, tab. 177.
Statice. *Ludw. gen.* 712. *Hall.* 1, p. 372. *Gaert.* 1, p. 210, t. 44, f. 10.
Lam. pl. 219. *Boiss.* 12.ᵉ liv. p. et pl. 231. *Mirb.* 8, pag. 101 et 105.
Juss. p. 92. *Vent.* 2, p. 278, pl. 8, fig. 1.

605. STELLARIA, *STELLAIRE. Lin. g.* 773.
Syst. des plant. 2, pag. 245.
Morgeline. *Tourn.* 208, pl. 126.
Alsine. *Tourn.* 242, t. 126. *Ludw. gen.* 753. *Hall.* 1, p. 381.
Stellaria. *Mill.* 293, t. 34. *Gaert.* 2, p. 229, t. 130, f. 3. *Lam.* pl. 378.
Boiss. 7.ᵉ liv. pag. et pl. 317. *Juss.* p. 301. *Vent.* 3, p. 244, pl. 17, f. 2.

606. STELLERA, *STELLERE. Lin. gen.* 667.
Syst. des plant. 2, pag. 136.
Garou. *Tourn.* 467, pl. 366.
Thymelæa. *Tourn.* 594, tab. 366.
Stellera. *Ludw. gen.* 992. *Hall.* 1, p. 440. *Gaert.* 1, p. 186, t. 39, f. 2.
Lam. pl. 293. *Boiss.* 10.ᵉ liv. p. et pl. 285. *Juss.* p. 77. *Vent.* 2, p. 239, pl. 6, fig. 4.

607. STIPA, *STIPE. Lin. gen.* 121.
Syst. des plant. 1, pag. 132.
Stipa. *Ludw. gen.* 1037. *Hall.* 2, p. 239. *Lam.* pl. 41. *Koel.* pag. 71,

g. 11, t. 12. *Juss.* p. 30. *Vent.* 2, pag. 99, pl. 3, fig. 3.

608. STRATIOTES, *STRATIOTE. Lin. gen.* 1541.
Syst. des plant. 2, pag. 433.
Stratiotes. *Ludw. gen.* 506. *Gaert.* 1, p. 48, t. 14, f. 8. *Lam.* pl. 489.
Mill. 325, t. 50. *Juss.* p. 67. *Vent.* 2, p. 213, pl. 6, f. 1.

609. STYRAX, *ALIBOUSIER. Lin. g.* 753.
Syst. des plant. 2, pag. 214.
Storas. *Tourn.* 471, pl. 369.
Styrax. *Tourn.* 598, t. 369. *Ludw. gen.* 225. *Duham.* 2, p. 287. *Gaert.* 1, p. 284, t. 59, f. 5. *Lam.* pl. 369.
Juss. p. 156. *Vent.* 2, p. 446, pl. 11, fig. 3.

610. SUBULARIA, *SUBULAIRE. Lin. gen.* 1075.
Syst. des plant. 3, pag. 151.
Lepidium. *Ludw. gen.* 548.
Subularia. *Dill.* musc. p. 10. Append. tab. 81. *Juss.* pag. 240.

611. SWERTIA, *SWERTIE. Lin. gen.* 449.
Syst. des plant. 1, pag. 429.
Gentiane. *Tourn.* 95, pl. 40.
Gentiana. *Tourn.* 80, t. 40. *Ludw. gen.* 146. *Hall.* 1, p. 282.
Swertia. *Gaert.* 2, p. 166, t. 114, f. 7. *Lam.* pl. 109. *Juss.* pag. 142.
Vent. 2, p. 414, pl. 10, f. 5.

612. SYMPHYTUM, *CONSOUDE. L. g.* 245.
Syst. des plant. 1, pag. 258.
Consoude. *Tourn.* 114, pl. 56.
Symphytum. *Tourn.* 138, tab. 56.
Ludw. gen. 62. *Hall.* 1, pag. 266.
Gaert. 1, p. 325, t. 67, f. 5. *Lam.* pl. 93. *Boiss.* 11.ᵉ liv. p. et pl. 110.
Batsch, 1, fasc. 1, p. 53, tab. 6, f. 11. *Juss.* p. 131. *Vent.* 2, p. 390, pl. 10, fig. 1.

613. SYRINGA, *LILAS. Lin. gen.* 28.
Syst. des plant. 1, pag. 21.
Lilac. *Tourn.* 474, pl. 372.
Lilac. *Tourn.* 601, t. 372. *Ludw. gen.* 1. *Duham.* 1, p. 361. *Lam.* pl. 7. *Mirb.* 8, p. 193. *Juss.* p. 105.
Vent. 2, p. 307, pl. 8, f. 6.

Syringa. *Hall.* 1, p. 230. *Gaert.* 1,
p. 224, t. 49, f. 4.

T

614. Tamarix, *Tamarisque. L. g.* 510.
Syst. des plant. 1, pag. 506.
Tamariscus. *Tourn.* Append. 661.
Tamariscus. *Duham.* 2, pag. 299.
Ludw. gen. 680. *Hall.* 1, p. 408.
Gaert. 1, p. 291, t. 61, f. 1. *Lam.*
pl. 213. *Mirb.* 13, p. 61 et 65. *Juss.*
p. 313. *Vent.* 4, p. 24.

615. Tamus, *Tame. Lin. gen.* 1527.
Syst. des plant. 4, pag. 209.
Sceau de Nôtre-Dame. *Tourn.* 85,
pl. 28.
Tamnus. *Tourn.* 102, t. 28. *Ludw.*
gen. 1140. *Lam.* pl. 817. *Juss.* p. 43.
Tamus. *Hall.* 2, p. 291. *Mill.* 407,
t. 89. *Vent.* 2, p. 149, pl. 4, f. 1.

616. Tanacetum, *Tanaisie. L. g.* 1280.
Syst. des plant. 3, pag. 458.
Tanesie. *Tourn.* 366, pl. 261.
Tanacetum. *Tourn.* 461, tab. 261.
{ Tanacetum. *Vaill.* 1719, p. 280,
gen. 2.
Balsamita. *Vaill.* 1719, pag. 280,
gen. 1.
{ Tanacetum. *Vent.* 2, p. 550, pl.
12, fig. 5.
Balsamita. *Vent.* 2, p. 550, pl. 12,
fig. 5.
Tanacetum. *Ludw. gen.* 387. *Hall.*
1, p. 57. *Gaert.* 2, p. 395, t. 165,
f. 7. *Lam.* pl. 696. *Juss.* p. 184.

617. Targionia, *Targione. L. g.* 1663.
Syst. des plant. 4, pag. 372.
Targionia. *Mich.* 3, tab. 3. *Ludw.*
gen. 1221. *Lam.* pl. 877. *Juss.* p. 8.
Vent. 2, p. 40, pl. 1, f. 6.

618. Taxus, *If. Lin. gen.* 1553.
Syst. des plant. 4, pag. 232.
If. *Tourn.* 462, pl. 362.
Taxus. *Tourn.* 589, t. 362. *Duham.*
2, p. 301. *Ludw. gen.* 1180. *Hall.* 2,
p. 321. *Gaert.* 2, p. 65, t. 91, f. 6.
Lam. pl. 829. *Mirb.* 15, p. 8. *Juss.*
p. 412. *Vent.* 3, p. 577, pl. 24, f. 2.

619. Telephium, *Téléphe. Lin. g.* 515.
Syst. des plant. 1, pag. 509.
Telephium. *Tourn.* 214, pl. 128.
Telephium. *Tourn.* 248, tab. 128.
Ludw. gen. 679. *Hall.* 1, pag 375.
Gaert. 2, p. 221, t. 129, f. 4. *Lam.*
pl. 213. *Boiss.* 11.e liv. p. et pl. 225.
Juss. p. 313. *Vent.* 3, p. 261, pl.
19, fig. 2.

620. Tetraphis, *Tétraphide. Lin. gen.*
1639.
Mnium. Syst. des plant. 4, pag. 353.
Mnium. *Dill.* gen. pag. 84, tab. 1.
- Musc. p. 5, g. 7, t. 31. *Hall.* 3,
pag. 50.
Tetraphis. *Hedw.* fund. 2, p. 87,
g. 5, t. 7, f. 32. *Brid.* 1, pag. 153,
gen. 5, tab. 1, f. 6; et t. 2, p. 47.
Swartz, pag. 21, gen. 4.

621. Teucrium, *Germandrée, L. g.* 960.
Syst. des plant. 3, pag. 11.
{ Teucrium. *Tourn.* 176, pl. 98.
Polium. *Tourn.* 174, pl. 97.
Germandrée. *Tourn.* 173, pl. 97.
Ivette. *Tourn.* 176, pl. 98.
{ Teucrium. *Tourn.* 207, tab. 98.
Polium. *Tourn.* 206, tab. 97.
Chamædrys. *Tourn.* 204, tab. 97.
Chamæpitis. *Tourn.* 208, tab. 98.
{ Teucrium. *Duham.* 2, pag. 317.
Chamædris. *Duham.* 1, p. 155.
Iva. *Dill.* gen. pag. 102, tab. 3.
Chamædrys. *Hall.* 1, pag. 124.
Teucrium. *Ludw. gen.* 269. *Lam.*
pl. 501. *Boiss.* 1.re liv. p. et pl. 386.
Juss. p. 112. *Vent.* 2, p. 331, pl.
9, fig. 3.

622. Thalictrum, *Pigamon. L. g.* 951.
Syst. des plant. 2, pag. 448.
Thalictrum. *Tourn.* 234, pl. 143.
Thalictrum. *Tourn.* 270, tab. 143.
Ludw. gen. 603. *Hall.* 2, pag. 56.
Gaert. 1, p. 355, t. 74, f. 7. *Lam.*
pl. 497. *Juss.* p. 232. *Vent.* 3, p. 56,
pl. 13, fig. 5.

623. Thapsia, *Thapsie. Lin. gen.* 493.
Syst. des plant. 1, pag. 488.
Tapsie. *Tourn.* 271, pl. 171.
Thapsia. *Tourn.* 321, tab. 171.
Ludw.

Ludw. gen. 841. *Gaert.* 1, p. 88, t. 21, f. 6. *Lam* pl. 206. *Juss.* pag. 220. *Vent.* 3, p. 13, pl. 13, f. 4.

624. THELIGONUM, *THELIGONE. Lin.* gen. 1444.
Syst. des plant. 4, pag. 122.
Cynocrambe. *Tourn.* Cor. 52, t. 485.
Theligonum. *Ludw.* g. 1118. *Gaert.* 1, p. 362, t. 75, f. 9. *Lam.* pl. 777. *Juss.* p. 405. *Vent.* 3, p. 540, pl. 23, fig. 2.

625. THESIUM, *THÉSIE. Lin.* gen. 410.
Syst. des plant. 1, pag. 393.
Pié de lion. *Tourn.* 408. pl. 289.
Alchimilla. *Tourn.* 508, tab. 289.
Thesium. *Ludw.* gen. 967. *Hall.* 2, p. 264. *Gaert.* 2, p. 40, t. 86, f. 6. *Lam.* pl. 142. *Juss.* p. 75. *Vent.* 2, p. 233, pl. 6, f. 3.

626. THLASPI, *THLASPI. Lin.* gen. 1078.
Syst. des plant. 3, pag. 157.
{ Thlaspi. *Tourn.* 181, pl. 101.
{ Tabouret. *Tourn.* 185, pl. 103.
{ Thlaspi. *Tourn.* 212, tab. 101.
{ Bursa Pastoris. *Tour.* 216, t. 103.
{ Thlaspi. *Ludw.* gen. 543.
{ Bursa. *Ludw.* gen. 544.
{ Thlaspi. *Vent.* 3, p. 110, pl. 15, fig. 2.
{ Capsella. *Vent.* 3, p. 110, pl. 15, fig. 2.
Nasturtium. *Hall.* 1, pag. 217.
Thlaspi. *Dill.* gen. pag. 123, t. 6.
Gaert. 2, p. 280, t. 141, f. 3. *Lam.* pl. 557. *Boiss.* 5.e liv. p. et pl. 441. *Juss.* pag 241.

627. THUYA, *THUYA. Lin.* gen. 1457.
Syst. des plant. 4, pag. 140.
Thuya. *Tourn.* 459, pl. 358.
Thuya. *Tourn.* 586, t. 358 *Duham.* 2, p. 319. *Ludw.* gen. 1105. *Gaert.* 2, p. 61, t. 91, f. 2. *Lam.* pl. 787. *Boiss.* 8.e liv. p. et pl. 618. *Juss.* p. 413. *Vent.* 3, p. 581, pl. 24, f. 2.

628. THYMBRA, *THYMBRE. Lin.* g. 962.
Syst. des plant. 3, pag. 20.
Thymbra. *Ludw.* gen. 292. *Lam.* pl. 512. *Juss.* p. 115. *Vent.* 2, pag. 344, pl. 9, f. 3.

629. THYMUS, *THYM. Lin.* gen. 982.
Syst. des plant. 3, pag. 56.
{ Thim. *Tourn.* 164, pl. 93.
{ Clinopodium. *Tourn.* 163, pl. 92.
{ Serpolet. *Tourn.* 165.
{ Thimbre. *Tourn.* 166.
{ Thymus. *Tourn.* 196, tab. 93.
{ Clinopodium. *Tourn.* 194, t. 92.
{ Serpillum. *Tourn.* 196.
{ Thymbra. *Tourn.* 197.
{ Thymus. *Hall.* 1, pag. 102.
{ Clinopodium. *Hall.* 1, pag. 104.
Acinos. *Dill.* gen. pag. 104, tab. 4.
Thymus. *Ludw.* gen. 291. *Duham.* 2, p. 329. *Lam.* pl. 512. *Boiss.* 3.e liv. p. et pl. 406. *Juss.* p. 115. *Vent.* 2, p. 343, pl. 9, f. 3.

630. TILIA, *TILLEUL. Lin.* gen. 894.
Syst. des plant. 2, pag. 402.
Tilleul. *Tourn.* 484, pl. 381.
Tilia. *Tourn.* 611, t. 381. *Duham.* 2, p. 333. *Ludw.* gen. 766. *Hall.* 2, pag. 1. *Gaert.* 2, p. 150, t. 113, f. 3. *Lam.* pl. 467. *Mirb.* 12, pag. 258. *Juss.* pag. 292. *Vent.* 3, p. 215, pl. 17, fig. 4.

631. TILLÆA, *TILLÉE. Lin.* gen. 237.
Syst. des plant. 1, pag. 228.
Tillea. *Mich.* 22, tab. 20.
Tillæa. *Ludw.* gen. 491. *Gaert.* 2, p. 147, t. 112, f. 12. *Lam.* pl. 90. *Boiss.* 10.e liv. p. et pl. 103. *Juss.* p. 307. *Vent.* 3, p. 273, pl. 18, f. 3.

632. TIMMIA, *TIMMIE. Lin.* gen. 1652.
Mnium. Syst. des plant 4, p. 353.
Bryum. *Hall.* 3, pag. 42.
Timmia. *Hedw.* Musc. 1, pag. 83, t. 31. *Brid.* 1, p. 176, g. 31, t. 4, f. 32; et t. 4, p. 153.

633. TORDYLIUM, *TORDYLIER. L.g.* 463.
Syst. des plant. 1, pag. 447.
{ Tordylium. *Tourn.* 270, pl. 170.
{ Carotte. *Tourn.* 257, pl. 161.
{ Tordylium. *Tourn.* 320, t. 170.
{ Daucus. *Tourn.* 307, tab. 161.
{ Tordylium. *Gaert.* 1, p. 58, tab. 21, fig. 3.
{ Torilis. *Gaert.* 1, p. 82, tab. 20, fig. 6.

Tordylium. *Hall.* 1, p. 361. *Ludw.
gen.* 845. *Lam.* pl. 193. *Juss.* pag.
214. *Vent.* 3, p. 32, pl. 13, f. 4.

634. TORMENTILLA, *TORMENTILLE. L.
gen.* .... (cum Potentilla.)
Syst. des plant. 2, pag. 371.
Tormentille. *Tourn.* 247, pl. 153.
Tormentilla. *Tourn.* 298, tab. 153.
Fragaria. *Hall.* 2, pag. 44.
Tormentilla. *Ludw.* gen. 602. *Lam.*
pl. 444. *Boiss.* 1.ʳᵉ liv. p. et pl. 354.
Juss p. 337. *Vent.* 3, p. 346, pl.
21, fig. 2.

635. TORTULA, *TORTULE. Lin. g.* 1647.
Bryum. Syst. des plant. 4, pag. 356.
Bryum. *Dill.* gen. pag. 85, tab. 2.
– Musc. 6, g. 11, t. 44 à 54. *Hall.* 3,
pag. 42.
Tortula. *Hedw.* fund. 2, pag. 92,
g. 14, t. 8, f. 38 et 39. *Brid.* 1, p.
164, g. 18, t. 3, f. 20; et t. 2, pag.
182. *Swartz*, p. 38, g. 12.

636. TOZZIA, *TOZZIE, Lin. gen.* 1002.
Syst. des plant. 3, pag. 82.
Tozzia. *Mich.* 19, tab. 16. *Ludw.*
gen. 315. *Hall.* 1, p. 131. *Lam.* pl.
522. *Boiss.* 4.ᵉ liv. pag. et pl. 421.
Juss. p. 97. *Vent.* 4, p. 12.

637. TRACHELIUM, *GANTELÉE. L. g.* 293.
Syst. des plant. 1, pag. 313.
Trachelium. *Tourn.* 106, pl. 50.
Trachelium. *Tourn.* 130, tab. 50.
Ludw. gen. 102. *Gaert.* 1, p. 155,
t. 31, f. 4. *Lam.* pl. 126. *Mirb.* 10,
p. 49 et 57. *Boiss.* 7.ᵉ liv. p. et pl.
137. *Juss.* p. 165. *Vent.* 2, p. 471,
pl. 12, fig. 2.

638. TRAGOPOGON, *SALSIFIS. L. g.* 1229.
Syst. des plant. 3, pag. 419.
{ Barbe de Bouc. *Tour.* 379, pl. 270.
{ Hieracium. *Tourn.* 373, pl. 267.
{ Tragopogon. *Tourn.* 477, t. 270.
{ Hieracium. *Tourn.* 469, tab. 267.
{ Tragopogon. *Juss.* pag. 170.
{ Urospermum. *Juss.* pag. 170.
{ Tragopogon. *Vent.* 2, p. 489, pl.
{   12, fig. 3.
{ Urospermum. *Vent.* 2, pag. 490,
{   pl. 12, fig. 3.

Tragopogonoides. *Vaill.* 1721, pag.
204, g. 2, pl. 7 et 8, f. 43, 15 et 14.
Tragopogon. *Luaw.* gen. 431. *Hall.*
1, p. 5. *Gaert.* 2, p. 368, tab. 159,
f. 4. *Lam.* pl. 646.

639. TRAPA, *MACRE. Lin. gen.* 208.
Syst. des plant. 1, pag. 210.
Tribuloïdes. *Tourn.* 655, tab. 431.
Trapa. *Ludw.* gen. 512. *Hall.* 1,
p. 226. *Gaert.* 1, p. 127, t. 26, f. 5;
et t. 2, p. 84, t. 95, f. 3. *Lam.* pl.
75. *Boiss.* 10.ᵉ liv. pag. et pl. 90.
Juss. p. 68. *Vent.* 3, p. 309, pl.
19, fig. 4.

640. TREMELLA, *TRÉMELLE. L. g.* 1669.
Syst. des plant. 4, pag. 394.
{ Agaricum. *Mich.* 124, t. 66, ord.
{   8, fig. 1.
{ Linckia. *Mich.* 126, t. 67, f. 1
{   et 2.
{ Coralloides. *Mich.* 209, t. 88, f. 5.
{ Tremella. *Hall.* 3, pag. 109.
{ Agaricum. *Hall.* 3, pag. 134.
Tremella. *Dill.* musc. p. 1, g. 3,
tab. 8, 9 et 10. *Ludw.* gen. 1202.
Lam. pl. 881. *Mirb.* 4, p. 68 et 71.
Bull. 215, pl. 284. *Hoffm.* 1, pag.
29, t. 6, f. 2. *Juss.* p. 6. *Vent.* 2,
p. 18, pl. 1, f. 4.

641. TRIBULUS, *TRIBULE. Lin. gen.* 732.
Syst. des plant. 2, pag. 198.
Tribule. *Tourn.* 232, pl. 141.
Tribulus. *Tourn.* 265, tab. 141.
Ludw. gen. 737. *Hall.* 1, pag. 408.
Gaert. 1, p. 335, t. 69, f. 2. *Lam.*
pl. 346. *Juss.* p. 296. *Vent.* 3, pag.
224, pl. 18, f. 1.

642. TRICHOMANES, *TRICHOMANE. Lin.
gen.* 1635.
Syst. des plant. 4, pag. 341.
Trichomanes. *Ludw. g.* 1196. *Lam.*
pl. 871. *Juss.* p. 16. *Vent.* 2, p. 66,
pl. 2, fig. 2.

643. TRICHOSTOMUM, *TRICHOSTOME. L.
gen.* 1645.
{ Bryum. Syst. des plant. 4, p. 356.
{ Fontinalis. Syst. des pl. 4, p. 350.
Hypnum. *Hall.* 3, pag. 26.

{ Bryum. *Dill.* gen. 85, t. 2. -Musc.
{ 6, g. 11, t. 44 à 54.
{ Fontinalis. *Dill.* Musc. 5, g. 9, t. 33.
Trichostomum. *Hedw.* fund. 2, p.
90, g. 11, t. 8, t. 43 et 44. -Musc. 1,
p. 71, t. 27. *Brid.* 1, p. 161, g. 15,
t. 2, f. 16 ; et t. 2, p. 120. *Swartz,*
pag. 29, gen. 10.

644. TRIENTALIS, *TRIENTALE. L. g.* 626.
Syst. des plant. 2, pag. 94.
Trientalis. *Ludw.* gen. 182. *Gaert.*
1, p. 227, t. 50, f. 1. *Lam.* pl. 275.
Boiss. 6.ᵉ liv. pag. et pl. 276. *Juss.*
p. 96. *Vent.* 2, p. 288, pl. 8, f. 2.

645. TRIFOLIUM, *TRÈFLE. Lin. g.* 1211.
Syst. des plant. 3, pag. 368.
{ Trefle. *Tourn.* 322, pl. 228.
{ Melilot. *Tourn.* 324, pl. 229.
{ Trifolium. *Tourn.* 404, tab. 228.
{ Melilotus. *Tourn.* 406, tab. 229.
{ Melilotus. *Hall.* 1, pag. 158.
{ Trifolium. *Hall.* 1, pag. 158.
{ Trifolium. *Lam.* pl. 613.
{ Melilotus. *Lam.* pl. 613.
{ Trifolium. *Juss.* pag. 355.
{ Melilotus. *Juss.* pag. 356.
{ Trifolium. *Vent.* 3, p. 398, pl.
{ 22, fig. 1.
{ Melilotus. *Vent.* 3, p. 399, pl. 22,
{ fig. 1.
Trifoliastrum. *Mich.* 26, tab. 25.
Trifolium. *Ludw.* gen. 612. *Gaert.*
2, p. 233, t. 153, f. 1.

646. TRIGLOCHIN, *TROSCART. L. g.* 616.
Syst. des plant. 2, pag. 86.
Juncago. *Tourn.* 232, pl. 142.
Juncago. *Tourn.* 266, tab. 142.
Muh. 43, tab. 31.
Triglochin. *Ludw.* gen. 499. *Hall.*
2, p. 165. *Gaert.* 2, p. 26, t. 84.
f. 9. *Lam.* pl. 270. *Boiss.* 5.ᵉ liv. p.
et pl. 271. *Juss.* pag. 47. *Vent.* 2,
p. 160, pl. 4, f. 3.

647. TRIGONELLA, *TRIGONELLE. Lin.*
gen. 1213.
Syst. des plant. 3, pag. 380.
{ Fenugrec. *Tourn.* 326, pl. 230.
{ Melilot. *Tourn.* 324, pl. 229.

{ Fœnum Græcum. *Tourn.* 409,
{ tab. 230.
{ Melilotus. *Tourn.* 406, tab. 229.
Fœnum Græcum. *Ludw.* gen. 614.
Buceras. *Hall.* 1, pag. 164.
Trigonella. *Gaert.* 2, p. 332, t. 152,
f. 3. *Lam.* pl. 611. *Boiss.* 7.ᵉ liv.
p. et pl. 505. *Juss.* p. 356. *Vent.* 3,
p. 400, pl. 22, f. 1.

648. TRITICUM, *FROMENT. Lin.* gen. 130.
Syst. des plant. 1, pag. 144.
{ Froment. *Tourn.* 413, pl. 292
{ et 293.
{ Orge. *Tourn.* 414, pl. 295.
{ Triticum. *Tourn.* 512, tab. 292
{ et 293.
{ Hordeum. *Tourn.* 513, tab. 295.
Gramen avenaceum. *Dill.* gen. pag.
171, tab. 15.
Triticum. *Ludw.* gen. 1043. *Hall.* 2,
p. 207. *Gaert.* 2, p. 8, t. 81, f. 1.
Lam. pl. 49. *Koel.* p. 335, g. 32,
t. 33. *Juss.* p. 31. *Vent.* 2, p. 106,
pl. 3, fig. 3.

649. TROLLIUS, *TROLLE. Lin.* gen. 954.
Syst. des plant. 2, pag. 462.
Ellebore. *Tourn.* 235, pl. 144.
Helleborus. *Tourn.* 271, tab. 144.
Ludw. gen. 812.
Trollius. *Hall.* 2, p. 82. *Gaert.* 2,
p. 176, t. 118, f. 5. *Lam.* pl. 499.
Juss. p. 233. *Vent.* 3, p. 59, pl. 13,
fig. 5.

650. TULIPA, *TULIPE. Lin.* gen. 563.
Syst. des plant. 2, pag. 38.
Tulipe. *Tourn.* 299, pl. 199 et 200.
Tulipa. *Tourn.* 373, tab. 199 et 200.
Ludw. gen. 903. *Hall.* 2, pag. 115.
Gaert. 1, p. 64, t. 17, f. 2. *Lam.* pl.
244. *Batsch,* 1, fasc. 1, p. 42, t. 5,
f. 9. *Mich.* 6, p. 266. *Juss.* pag. 48.
Vent. 2, p. 167, pl. 4, f. 4.

651. TURRITIS, *TURRITE. Lin.* gen. 1095.
Syst. des plant. 3, pag. 191.
Turritis. *Tourn.* 190.
Turritis. *Tourn.* 223.
Arabis. *Lam.* pl. 563. *Vent.* 3, pag.
102, pl. 15, fig. 2.
Turritis. *Dill.* gen. p. 120, tab. 6.

Ludw. gen. 538. Hall. 1, pag. 197.
Gaert. 2, p. 297, t. 143, f. 8. Boiss.
6.e liv. p. et pl. 456. Juss. p. 238.

652. TUSSILAGO, *TUSSILAGE*. L. g. 1289.
Syst. des plant. 3, pag. 527.
{ Pas d'âne. *Tourn.* 388, pl. 276.
{ Petasite. *Tourn.* 357, pl. 258.
{ Cacalia. *Tourn.* 358, pl. 258.
{ Tussilago. *Tourn.* 487, tab. 276.
{ Petasites. *Tourn.* 451, tab. 258.
{ Cacalia *Tourn.* 451, tab. 258.
{ Tussilago. *Vaill.* 1720, pag. 290,
{   gen. 1, pl. 9, fig. 46.
{ Petasites. *Vaill.* 1719, pag. 305,
{   gen. 6, pl. 20, fig. 14.
{ Tussilago. *Gaert.* 2, p. 447, tab.
{   170, fig. 6.
{ Petasites. *Gaert.* 2, p. 406, t. 166,
{   fig. 2.
Petasites. *Hall.* 1, pag. 60.
Tussilago. *Ludw. gen.* 399. *Lam.*
pl. 674. *Boiss.* 5.e liv. p. et pl. 551.
Juss. p. 181. *Vent.* 2, p. 540, pl.
12, fig. 5.

653. TYPHA, *MASSETTE*. Lin. gen. 1401.
Syst. des plant. 4, pag. 74.
Masse. *Tourn.* 422, pl. 301.
Typha. *Tourn.* 530, t. 301. *Ludw.*
gen. 1102. *Hall.* 2, p. 163. *Gaert.* 1,
p. 8, t. 2, f. 1. *Lam.* pl. 748. *Juss.*
p. 25. *Vent.* 2, p. 88, pl. 3, f. 1.

U

654. ULEX, *AJONC*. Lin. gen. 1169.
Syst. des plant. 3, pag. 290.
Genista Spartium. *Tourn.* 505, pl.
412.
Genista Spartium. *Tourn.* 645, tab.
412. *Duham.* 1, pag. 261.
Ulex. *Ludw. gen.* 658. *Gaert.* 2,
p. 330, t. 151, f. 7. *Lam.* pl. 621.
Mirb. 13, p. 336 et 244. *Boiss.* 2.e
liv. pag. et pl. 477. *Juss.* pag. 352.
Vent. 3, p. 384, pl. 22, f. 1.

655. ULMUS, *ORME*. Lin. gen. 443.
Syst. des plant. 1, pag. 426.
Orme. *Tourn.* 473, pl. 372.
Ulmus. *Tourn.* 601, t. 372. *Duham.*

2, p. 367. *Ludw. gen.* 976. *Hall.* 2,
p. 269. *Gaert.* 1, p. 224, t. 49, f. 5.
Lam. pl. 165 *Juss.* p. 408. *Vent.* 3,
p. 553, pl. 24, f. 1.

656. ULVA, *ULVE*. Lin gen. 1670.
Syst. des plant. 4, pag. 402.
Fucus. *Tourn.* 443, pl. 334, 335
et 336.
Fucus. *Tourn.* 565, tab. 334, 335
et 336.
Tremella. *Ludw. gen.* 1202.
Ulva. *Hall.* 3, p. 109. *Lam.* pl. 880.
Mirb. 4, p. 141 et 150. *Juss.* p. 6.
Vent. 2, p. 31, pl. 1, f. 5.

657. URTICA, *ORTIE*. Lin. gen. 1422.
Syst. des plant. 4, pag. 100.
Ortie. *Tourn.* 426, pl. 308.
Urtica. *Tourn.* 534, t. 308. *Ludw.*
gen. 1103. *Hall.* 2, p. 285. *Mill.*
386, t. 79. *Gaert.* 2, p. 183, t. 119,
f. 7. *Lam.* pl. 761. *Mirb.* 14, p. 215.
Boiss. 3.e liv. pag. et pl. 602. *Juss.*
p. 403. *Vent.* 3, p 531, pl. 23, f. 2.

658. UTRICULARIA, *UTRICULAIRE*. Lin.
gen. 41.
Syst. des plant. 1, pag. 37.
Lentibularia. *Vaill.* 1719, pag. 21,
g. 7, pl. 2, f. 1. *Dill.* gen. p. 115,
t. 6. *Ludw. gen.* 250.
Utricularia. *Hall.* 1, p. 127, *Lam.*
pl. 14. *Juss.* p. 98. *Vent.* 2, p. 353,
pl. 9, fig. 4.

659. UVULARIA, *UVULAIRE*. Lin. g. 560.
Syst. des plant. 2, pag. 36.
Uvularia. *Ludw. gen.* 904 *Hall.* 2,
p. 116. *Lam.* pl. 247. *Juss.* pag. 48.
Vent. 2, p. 169, pl. 4, f. 4.

V

660. VACCINIUM, *AIRELLE*. Lin. g. 658.
Syst. des plant. 2, pag. 119.
Airelle. *Tourn.* 480, pl. 377.
{ Vitis Idea. *Tourn.* 607, tab. 377.
{ Oxycoccus. *Tourn.* 655, tab. 431.
Vitis Idæa. *Duham.* 2, pag. 363.
Vaccinium. *Hall.* 1, p. 436. *Ludw.*
gen. 189. *Boiss.* 7.e liv. p. et pl. 282.
Gaert. 1, p. 142, t. 28, f. 7. *Lam.*

pl. 286. *Batsch*, 1, fasc. 1, p. 63,
t. 7, f. 13. *Juss.* p. 162. *Vent.* 2,
p. 464, pl. 12, f. 1.
661. VALANTIA, *CROISETTE. L. g.* 1575.
Syst. des plant. 4, pag. 264.
{ Croisétte *Tourn.* 94, pl. 39.
{ Grateron. *Tourn.* 93, pl. 39.
{ Cruciata. *Tourn.* 115, tab. 39.
{ Aparine. *Tourn.* 114, tab. 39.
Gallium. *Ludw. gen.* 13.
Galium. *Hall.* 1, p. 314. *Gaert.* 1,
p. 109, t. 24, f. 1.
Valantia. *Dill.* gen. pag. 147, t. 8.
Mich. 13, t. 7. *Lam.* pl. 843. *Juss.*
p. 197. *Vent.* 2, p. 567, pl. 13, f. 1.
662. VALERIANA, *VALÉRIANE. L. g.* 60
Syst. des plant. 1, pag. 63.
{ Valériane. *Tourn.* 107, pl. 52.
{ Mâche. *Tourn.* 108, pl. 52.
{ Valeriana. *Tourn.* 131, tab. 52.
{ Valerianella. *Tourn.* 132, tab. 52.
{ Valeriana. *Gaert.* 2, p. 35, t. 86,
{   fig. 1.
{ Fedia. *Gaert.* 2, p. 36, t. 86, f. 3.
{ Valeriana. *Vent.* 2, p. 561, pl. 12,
{   fig. 6.
{ Fedia. *Vent.* 2, p. 561, pl. 12, f. 6.
Valeriana. *Hall.* 1, pag. 90. *Ludw.*
gen. 257. *Lam.* pl. 24. *Boiss.* 11.ᵉ
liv. p. et pl. 25. *Juss.* p. 195.
663. VALLISNERIA, *VALLISNERIE. Lin.*
gen. 1491.
Syst. des plant. 4, pag. 180.
{ Vallisneria. *Mich.* pag. 12, t. 10.
{ Vallisneroides. *Mich.* p. 13, t. 10.
Valisneria. *Hall.* 2, pag. 165. *Lam.*
pl. 799.
Vallisneria. *Ludw. gen.* 1135. *Juss.*
p. 67. *Vent.* 2, p. 217, pl. 6, f. 1.
664. VELEZIA, *VELEZE. Lin. gen.* 448.
Syst. des plant. 1, pag. 428.
Lychnis. *Tourn.* 280, pl. 175.
Lychnis. *Tourn.* 333, tab. 175.
Ludw. gen. 757.
Velezia. *Gaert.* 2, p. 226, t. 129,
f. 12. *Lam.* pl. 186. *Juss.* p. 302.
Vent. 3, p. 248, pl. 17, f. 2.
665. VELLA, *VELLE. Lin. gen.* 1073.
Syst. des plant. 3, pag. 150.

Vella. *Ludw. gen.* 552. *Gaert.* 2,
p. 285, t. 141, f. 10. *Lam.* pl. 555.
Juss. p. 302. *Vent.* 3, p. 112, pl.
15, fig. 2.
666. VERATRUM, *VERATRE. Lin. g.* 1564.
Syst. des plant. 4, pag. 251.
Ellebore blanc. *Tourn.* 236, pl. 145.
Veratrum. *Tourn.* 272, tab. 145.
Ludw. gen. 918. *Hall.* 2, pag. 96.
Gaert. 1, p. 71, t. 18, f. 4. *Lam.*
pl. 843. *Mill.* 425, t. 98. *Mirb.* 6,
p. 250 et 259. *Batsch*, 1, fasc. 2,
p. 38, t. 14, f. 26. *Juss.* pag. 47.
Vent. 2, p. 154, pl. 4, t. 2.
667. VERBASCUM, *MOLENE. Lin. g.* 331.
Syst. des plant. 1, pag. 331.
{ Bouillon blanc. *Tourn.* 122, pl. 61.
{ Herbe aux mites. *Tour.* 123, pl. 61.
{ Verbascum. *Tourn.* 146, tab. 61.
{ Blattaria. *Tourn.* 147.
Verbascum. *Ludw. gen.* 364. *Hall.*
1, p. 256. *Gaert.* 1, p. 262, t. 55,
f. 8. *Lam.* pl. 117. *Boiss.* 9.ᵉ liv. p.
et pl. 141. *Juss.* p. 124. *Vent.* 2,
p. 368, pl. 9, f. 5.
668. VERBENA, *VERVEINE. Lin. gen.* 43.
Syst. des plant. 1, pag. 39.
Vervéne. *Tourn.* 168, pl. 94.
Verbena. *Tourn.* 200, tab. 94.
Ludw. gen. 304. *Hall.* 1, pag. 96.
Gaert. 1, p. 315, t. 66, f. 1. *Lam.*
pl. 17. *Juss.* p. 109. *Vent.* 2, pag.
322, pl. 9, f. 2.
669. VERONICA, *VERONIQUE. Lin g.* 32.
Syst. des plant. 1, pag. 24.
Véronique. *Tourn.* 120, pl. 60.
Veronica. *Tourn.* 143, tab. 60.
Ludw. gen. 252. *Hall.* 1, p. 231.
Gaert. 1, p. 257, t. 54, f. 7. *Lam.*
pl. 13. *Boiss.* 11.ᵉ liv. p. et pl. 12.
Juss. p. 99. *Vent.* 2, p. 297, pl. 8, f. 4.
670. VIBURNUM, *VIORNE. Lin. gen.* 503.
Syst. des plant. 1, pag. 500.
{ Viorne. *Tourn.* 479, pl. 377.
{ Laurier tein. *Tourn.* 479, pl. 377.
{ Obier. *Tourn.* 478, pl. 376.
{ Viburnum. *Tourn.* 607, tab. 377.
{ Tinus. *Tourn.* 607, tab. 377.
{ Opulus. *Tourn.* 607, tab. 376.

{ Viburnum. *Duham.* 2, pag. 349.
{ Tinus. *Duham.* 2, pag. 337.
{ Opulus. *Duham.* 2, pag. 89.
{ Opulus. *Hall.* 1, pag. 297.
{ Viburnum. *Hall.* 1, pag. 298.
Viburnum. *Ludw. gen.* 157. *Gaert.*
1, p. 133, t. 27, f. 3. *Lam.* pl. 211.
Boiss. 6.e liv. pag. et pl. 221. *Juss.*
p. 213. *Vent.* 2, p. 603, pl. 13, f. 2.
671. VICIA, *VESSE. Lin. gen.* 1187.
Syst. des plant. 3, pag. 322.
{ Vesse. *Tourn.* 316, pl. 221.
{ Feve. *Tourn.* 312, pl. 212.
{ Vicia. *Tourn.* 396, tab. 221.
{ Faba. *Tourn.* 391, tab. 212.
{ Vicia. *Ludw. gen.* 628.
{ Faba. *Ludw. gen.* 629.
{ Vicia. *Juss.* pag. 360.
{ Faba. *Juss.* pag. 360.
{ Vicia. *Vent.* 3, p. 418, pl. 22, f. 1.
{ Faba. *Vent.* 3, p. 419, pl. 22, f. 1.
Vicia. *Hall.* 1, pag. 184. *Gaert.* 2,
p. 325, t. 151, f. 1. *Lam.* pl. 634.
Boiss. 4.e liv. p. et pl. 486.
672. VINCA, *PERVENCHE. Lin. gen.* 419.
Syst. des plant. 1, pag. 398.
Pervenche. *Tourn.* 99, pl. 45.
Pervinca. *Tourn.* 119, t. 45. *Ludw.*
gen. 87. *Hall.* 1, p. 246. *Duham.*
2, pag. 111.
Vinca. *Gaert.* 2, p. 172, t. 117, f. 5.
Lam. pl. 172. *Mirb.* 9, pag. 237.
Juss. p. 144. *Vent.* 2, p. 421, pl.
11, fig. 1.
673. VIOLA, *VIOLETTE. Lin. gen.* 1364.
Syst. des plant. 3, pag. 642.
Violéte. *Tourn.* 333, pl. 236.
Viola. *Tourn.* 419, tab. 236. *Ludw.*
gen. 817. *Hall.* 1, p. 240. *Gaert.* 2,
p. 139, t. 112, f. 1. *Lam.* pl. 725.
Batsch, 1, fasc. 1, p. 93, tab. 10,
f. 19. *Juss.* p. 294. *Vent.* 3, p. 222,
pl. 17, fig. 5.
674. VISCUM, *GUI. Lin. gen.* 1504.
Syst. des plant. 4, pag. 194.
Gui. *Tourn.* 482, pl. 280.
Viscum. *Tourn.* 609, t. 380. *Duh.*
2, p. 353. *Ludw. gen.* 1106. *Hall.* 2,
p. 281. *Mill.* 403, t. 87. *Gaert.* 1,

p. 131, tab. 27, f. 1. *Lam.* pl. 807.
Boiss. 10.e liv. p. et pl. 632. *Juss.*
p. 212. *Vent.* 2, p. 600, pl. 13, f. 2.
675. VITEX, *GATTILIER. Lin. gen.* 1060.
Syst. des plant. 3, pag. 137.
Agnus castus. *Tourn.* 475, pl. 373.
Vitex. *Tourn.* 603, t. 373. *Duham.*
2, p. 357. *Ludw. gen.* 347. *Gaert.* 1,
p. 269, tab. 56, f. 7. *Lam.* pl. 541.
Juss. p. 107. *Vent.* 2, p. 319, pl. 9,
fig. 2.
676. VITIS, *VIGNE. Lin. gen.* 396.
Syst. des plant. 1, pag. 382.
Vigne. *Tourn.* 486, pl. 384.
Vitis. *Tourn.* 613, t. 384. *Duham.*
2, p. 359. *Ludw. gen.* 694. *Hall.* 1,
p. 367. *Gaert.* 2, p. 108, t. 106, f. 2.
Lam. pl. 145. *Boiss.* 4.e liv. pag. et
pl. 155. *Mirb.* 12, pag. 132. *Juss.*
p. 267. *Vent.* 3, p. 168, pl. 17, f. 1.
677. WEISSIA, *WEISSIE. Lin. gen.* 1648.
{ Bryum. Syst. des plant. 4, p. 356.
{ Mnium. Syst. des plant. 4, p. 353.
{ Weissia. *Swartz*, p. 25, g. 7.
{ Orthotrichum. *Swartz*, p. 41, g. 13.
Bryum. *Dill.* g. p. 85, t. 2. – Musc. p.
6, g. 11, t. 44 à 54. *Hall.* 3, pag. 42.
Weisia. *Hedw.* fund. 2, pag. 90,
gen. 9. – Musc. 1, pag. 19, tab. 7.
Weissia. *Brid.* 1, p. 157, g. 10, t. 2,
f. 11; et t. 2, p. 69.

X

678. XANTHIUM, *GLOUTERON. L. g.* 1426.
Syst. des plant. 4, pag. 106.
Xanthium. *Tourn.* 347, pl. 252.
Xanthium. *Tourn.* 438, tab. 252.
Ludw. gen. 1080. *Hall.* 2, p. 291.
Gaert. 2, p. 418, t. 164, f. 9. *Lam.*
pl. 765. *Juss.* p. 191. *Vent.* 3, pag.
538, pl. 23, fig. 2.
679. XERANTHEMUM, *XÉRANTHÈME. L.*
gen. 1283.
Syst. des plant. 3, pag. 515.
Xeranthemum. *Tourn.* 400, pl. 284.
Xeranthemum. *Tourn.* 499, t. 284.
Vaill. 1718, p. 174, g. 1. *Dill.* gen.
pag. 140, tab. 8. *Ludw. gen.* 420.

{ Elichrysum. *Vent.* 2, p. 513, pl.
12, fig. 5.
Filago. *Vent.* 2, p. 513, pl. 12, f. 5.
Xeranthemum. *Vent.* 2, p. 517,
pl. 12, fig. 5.

Xeranthemum. *Hall.* 1, p. 52. *Mill.*
360, t. 67. *Gaert.* 2, p. 399, t. 165,
f. 6. *Lam.* pl. 692. *Juss.* p. 179.

Z

680. ZANNICHELIA, *ZANNICHELIE. Lin.*
gen. 1391.
Syst. des plant. 4, pag. 68.
Algoides. *Vaill.* 1719, p. 12, g. 1,
pl. 1, fig. 1.
Zanichellia. *Hall.* 2, p. 278. *Lam.*
pl. 741. *Juss.* p. 19. *Vent.* 2, p. 82,
pl. 2, f. 3.
Zannichellia. *Mich.* 70, t. 34. *Ludw.*
gen. 1134. *Mill.* 382, t. 77. *Gaert.*
1, p. 77, t. 19, f. 6.
681. ZIZIPHORA, *ZIZIPHORE. Lin.* g. 47.

Syst. des plant. 1, pag. 43.
Ziziphora. *Ludw.* gen. 247. *Gaert.*
1, p. 316, t. 66, f. 3. *Lam.* pl. 18.
Juss. p. 111. *Vent.* 2, p. 328, pl. 9,
fig. 3.
682. ZOSTERA, *ZOSTERE. Lin.* gen. 1390.
Syst. des plant. 4, pag. 53.
Alga. *Tourn.* 444, pl. 337.
Alga. *Tourn.* 569, tab. 337.
Ruppia. *Ludw.* gen. 1187.
Zostera. *Gaert.* 1, p. 76, t. 19, f. 5.
Lam. pl. 737. *Juss.* p. 24. *Vent.* 2,
p. 82, pl. 2, f. 3.
683. ZYGOPHYLLUM, *FÉVIFR. L. g.* 730.
Syst. des plant. 2, pag. 194.
Fabago. *Tourn.* 226, pl. 135.
Fabago. *Tourn.* 258, t. 133. *Ludw.*
gen. 738.
Zygophyllum. *Gaert.* 2, pag. 144,
tab. 112, f. 8. *Lam.* pl. 345. *Juss.*
pag. 296. *Vent.* 3, p. 226, pl. 18,
fig. 1.

F I N.

TABLE
ALPHABÉTIQUE FRANÇAISE
DES GENRES.

A

Athanasie.

L

T

U

V

Fin de la Table des Genres.

CATALOGUE RAISONNÉ

DES OUVRAGES DE BOTANIQUE

CITÉS

DANS LE PINAX DES GENRES

DES PLANTES EUROPÉENNES.

Acharius (Erik). Lichenographiæ Suecicæ prodromus. *Lincopiæ*, 1798; un vol. in-8. avec deux planches sur cuivre, renfermant 4 figures en noir, plus une au frontispice.

L'Auteur a divisé les *Lichens* en 28 familles ou tribus, et a décrit un grand nombre d'espèces et de variétés nouvelles. Il a considérablement augmenté son ouvrage dans ses deux dernières éditions qui ont paru, l'une sous le nom de *Methodus Lichenum*, l'autre sous celui de *Lichenographia universalis*.

Batsch (A. J. G. C.). Analyses florum e diversis plantarum generibus omnes, etiam minutissimas eorum externas partes demonstrantes, ad eruendum harum partium characterem genericum, philosophiam botanicam, et generum intimiores affinitates à natuı à statutas. *Halæ Magdeburgiæ*, 1790; deux fascicules in-4. avec 20 planches sur cuivre, enluminées, contenant les détails très-développés de la fructification de 34 Genres. Cet ouvrage a été publié en allemand et en latin.

Battarra (A. J. Ant.) Fungorum agri ariminensis historia. *Faventiæ*, 1709;

(seconde édition), un vol. in-4. avec 40 planches sur cuivre, renfermant 289 figures, en noir. Ouvrage très-rare.

On trouve un ample détail de ce traité des champignons de *Battarra*, dans le Journal économique, etc. *Paris*, chez Rondet, année 1763, mois de décembre; année 1764, janvier, avril, mai et septembre : ces cinq extraits sont une traduction française complète et exacte de tout ce traité. Ceux qui ne sont point familiers avec le latin, peuvent connaître l'ouvrage de *Battarra* dans cette traduction fidèle.

La vignette du frontispice de cet ouvrage représente un chat et un hibou qui regardent des champignons, auxquels ils ne touchent pas, avec une inscription grecque qui signifie :

Nous les considérons, mais nous ne les mangeons pas.

Par là, l'Auteur nous annonce le but qu'il se propose dans son livre, qui est d'examiner la nature et les différentes espèces de ce genre de plantes, sans vouloir exciter notre goût pour un mets dont il connaît tout le danger.

Boissieu (V. C.). Flore d'Europe,

contenant les détails de la floraison et de la *fructification des Genres Européens*, et une ou plusieurs espèces de chacun de ces genres, dessinés et gravés d'après nature. *Lyon*, 1805; douze livraisons in-8. et in-4, contenant chacune vingt planches sur cuivre, gravées à l'eau forte, renfermant les figures de 240 Genres. L'Auteur possède environ deux cents cuivres gravés, dont les épreuves n'ont pas encore paru.

On doit regretter que cette Flore, qui présente des détails très-étendus sur les parties de la fructification de chaque genre, n'ait pas été continuée. M. de *Boissieu* avait ouvert une souscription qui n'a pas été remplie.

BRIDEL (Sam. El.). Muscologia recentiorum, seu analysis, historia et descriptio methodica omnium muscorum frondosorum hucusque cognitorum ad normam Hedwigii. *Gothæ* et *Parisiis*, 1797; quatre vol. in-4. avec 14 planc. sur cuivre, renfermant 82 figures en noir.

— Muscologiæ recentiorum supplementum, seu species Muscorum, pars prima. *Gothæ*, 1806; un vol. in-4. sans figures.

Cet ouvrage, le plus complet qui ait paru sur les Mousses, présente une nouvelle classification de ces plantes, fondée sur l'absence, la présence et la figure du péristome. Les Genres, au nombre de 23, sont établis sur le sexe des fleurs. L'Auteur a donné les figures de chaque genre. Ce beau travail de *Bridel* a jetté un grand jour sur cette partie intéressante de la Botanique. Le nom de ce Botaniste figure avantageusement à côté de celui du célèbre *Hedwig*.

BULLIARD. Histoire des Champignons de la France, ou Traité élémentaire, renfermant, dans un ordre méthodique, les descriptions et les figures des Champignons qui croissent naturellement en France. *Paris*, an 6 (1798); un vol.

in-4. avec 8 planches coloriées, représentant les caractères des genres.

Cet ouvrage, qui n'a pas été achevé, et dont il n'a paru que le premier volume, présente une nouvelle classification des Champignons, divisés en quatre ordres et vingt Genres. L'Auteur, occupé sans relâche, comme il le dit lui même, à recueillir les champignons, à les dessiner, à les décrire, à en vérifier les espèces, convient que quelques précautions qu'il ait prises, son histoire des champignons, telle qu'il l'a publiée, est loin sans doute du degré de perfection auquel il aurait désiré qu'elle atteignît. Cependant cette histoire des champignons, qui fait partie de l'*Herbier de la France*, que la mort prématurée de l'auteur l'a empêché de conduire à sa fin, présente l'ouvrage le plus complet que nous possédions en français sur cette partie de l'Histoire naturelle. Les figures nombreuses des champignons, bien dessinées et enluminées avec soin, ajoutent un grand mérite au travail de *Bulliard*. Ce Botaniste s'est rendu célèbre par divers ouvrages utiles, et sur-tout par son *Dictionnaire de Botanique*.

DILLENIUS (Joan. Jac.). Catalogus plantarum sponte circa Gissam nascentium, cum appendice, quâ plantæ post editum catalogum circa et extra Gissam observatæ recensentur, specierum novarum vel dubiarum descriptiones traduntur, Genera Plantarum nova figuris æneis illustrata describuntur, pro supplendis institutionibus Rei herbariæ Josephi *Pitton Tournefort*. *Francofurti ad Mœnum*, 1719; un vol. in-12. avec 16 planches sur cuivre, renfermant 90 figures de Genres, en noir. Cet ouvrage est fort rare.

—Historia muscorum. *Londini*, 1768, un vol. in-4. avec 85 planches sur étain, renfermant 586 figures en noir, et 1000 figures en comprenant les variétés. Les 30 premières planches et les 14 dernières représentent des *Conferves*, des *Coral-*

lines, des *Lichens*, des *Jungermannes*.

Cet ouvrage, qui a immortalisé son auteur, renferme les descriptions des Mousses, classées en 20 Genres. Les figures qui les accompagnent présentent, les unes à côté des autres, les espèces de cette nombreuse famille, dessinées et gravées avec soin ; mais leurs rapprochemens, sur-tout dans les petits individus, rendent la détermination des espèces difficile, à raison des rapports qui existent entr'eux, et que la gravure ne peut rendre qu'imparfaitement. L'ouvrage de *Vaillant*, contemporain de *Dillenius*, présente au contraire les espèces séparées, et c'est avec ce bel ouvrage que de Haller disait : *Duce Vaillantio in difficillimâ muscorum classe, glaciem fregi.*

DUHAMEL DU MONCEAU. Traité des arbres et arbustes qui se cultivent en France en pleine terre. *Paris*, 1755 ; deux vol. in-4. avec 1.º 193 planches sur cuivre, représentant 193 figures de Genres, dont 137 copiées sur ceux de *Tournefort*, et 56 propres à *Duhamel* ou copiées des autres auteurs ; 2.º avec 250 planches sur bois, renfermant 281 figures d'espèces, sur lesquelles 156 sont tirées des grandes figures de *Matthiole*, les autres appartiennent à *Duhamel*, et quelques-unes sont dessinées d'après nature.

Ce Traité de *Duhamel* sera toujours recherché, parce qu'il offre des détails très-intéressans sur les végétaux naturalisés en France, ou qui y croissent spontanément. Une partie des figures qu'il a employées sont celles de la grande édition de *Matthiole*, dont il s'était procuré par hasard une partie des planches sur bois. Nous lui devons encore des figures exactes de plusieurs arbrisseaux nouvellement introduits dans nos jardins.

GAERTNER (Josephus). De fructibus et seminibus plantarum. *Stutgardiæ*, 1788 ; trois vol. in-4. avec 180 planches sur cuivre, renfermant 1377 figures en noir, dont 989 figures de Genres.

Ce *Genera* de *Gaertner*, considéré dans son ensemble et examiné dans ses détails, doit être regardé comme une des meilleures productions du siècle dernier. L'Auteur paraît avoir presque toujours travaillé d'après la nature vivante ; aussi s'aperçoit-on, tant dans les descriptions que dans les détails des Genres, qu'il n'a rien omis d'essentiel pour la formation des caractères naturels, relativement aux semences et aux enveloppes dans chaque genre. Il serait même difficile de nombrer la multitude d'observations neuves que cet ouvrage précieux peut offrir aux Botanistes les plus exercés. *Gaertner* a toujours indiqué, décrit et fait graver, non-seulement l'espèce d'après laquelle il a constitué ses genres, mais encore plusieurs espèces de chaque genre. Il eût été à désirer que *Tournefort* et *Linné* eussent eu la même idée, qui est très-philosophique.

GLEDITSCH (D. Joh. Gottlieb). Methodus fungorum exhibens genera, species et varietates, cum charactere, differentiâ specificâ, synonymis, solo, loco et observationibus. *Berolini*, 1753 ; un vol. in-8. avec 6 planches sur cuivre, renfermant 129 figures de Genres en noir.

Gleditsch a divisé, dans ce Traité, la famille des Champignons en onze Genres. Les espèces, au nombre de 85, sont décrites avec soin, et l'auteur a présenté pour chacune d'elles une synonymie exacte et détaillée. Ses phrases diagnostiques sont claires, et portent sur des attributs véritablement caractéristiques. Ce Botaniste s'est rendu recommandable par quelques ouvrages et plusieurs mémoires.

HALLER (Albert V.). Historia stirpium indigenarum Helvetiæ, inchoata. *Bernæ*, 1768 ; trois vol. in-fol. avec 48 planches sur cuivre, renfermant 116 figures en noir.

—Opuscula Botanica. *Gottingæ*, 1749; un vol. in-8. avec 5 planches sur cuivre, renfermant 15 figures en noir.

Cet ouvrage offre une monographie précieuse du genre *Allium*, des descriptions faites ex-vivo, une synonymie complète, et d'excellentes figures des espèces rares et nouvelles.

Haller, le grand *Haller*, rival en botanique de l'immortel *Linné*, s'annonça dans le monde savant par des ouvrages qui lui méritèrent une approbation universelle. Son *Enumeratio*, publiée en 1742, et son *Historia*, qui parut en 1768, furent ses principaux titres à sa réputation comme Botaniste. Dans ce dernier ouvrage, qui est un véritable chef-d'œuvre, le système qu'il a adopté, quoique compliqué, annonce l'étendue du génie de son auteur, qui a tracé d'une main hardie le plan d'une méthode naturelle. Sa Synonymie, presque toujours sure, prouve son étonnante érudition. Ses descriptions de Genres, et surtout celles des espèces dont le plan lui appartient, sont peut-être, après celles de *Linné*, les seules véritablement caractéristiques.

Considéré comme Botaniste, on ne saurait trop admirer ses discussions critiques comparables à celles de *Jean Bauhin*; ses phrases, qui présentent un diagnostique si facile à saisir; le jugement sain qu'il porte sur la formation des genres, sur le rapprochement des espèces et des variétés, et sur-tout l'évaluation des propriétés des plantes dans la médecine et les arts.

HEDWIG (Joan.) Fundamentum historiæ naturalis muscorum frondosorum, concernens eorum flores, fructus, seminalem propagationem, adjecta generum dispositione methodicâ, iconibus illustratis. *Lipsiæ*, 1782; deux vol. in-4. avec 20 planches sur cuivre, renfermant 136 figures en noir ou enluminées.

Le premier volume de cet ouvrage renferme des généralités sur les parties des Mousses, telles que les racines, les tiges, les feuilles, les fleurs, les étamines, les pistils, les nectaires, le périchétie. Le second présente des détails très-curieux sur le péduncule, la capsule, la coiffe, l'opercule, la columnule, le péristome, les semences de ces végétaux. L'ouvrage est terminé par un supplément ayant pour titre : *Additamentum tradens muscorum frondosorum species in definita genera distribuendi methodum*. L'auteur a présenté une nouvelle classification des Mousses, distribuées en 25 Genres, et a exprimé les parties de chaque genre par des gravures très-exactes. Cet ouvrage a servi d'introduction au suivant.

—Descriptio et adumbratio microscopico-analytica Muscorum frondosorum, nec non aliorum vegetantium e classe cryptogamicâ Linnæi novorum dubiisque vexatorum. *Lipsiæ*, 1787; quatre vol. in-fol. avec 160 planches sur cuivre, enluminées.

Ouvrage magnifique, qui a immortalisé son auteur, et dans lequel sont gravées les parties de la fructification de chaque espèce.

HOFFMANN (Georg. Franc.). Vegetabilia cryptogamica. *Erlangæ*, 1787; deux fascicules in-4. avec 16 planches sur cuivre, renfermant 52 figures en noir.

Hoffmann a donné, dans ces fascicules, les descriptions et les figures de plusieurs plantes de la famille des champignons. On doit regretter que cet auteur n'ait pas conduit à leur fin les ouvrages qu'il avait entrepris; tel est son *Historia salicum*, etc., qui est demeuré incomplet.

JUSSIEU (Ant. Laur.). Genera plantarum secundum ordines naturales disposita, juxta methodum in horto regio parisiensi exaratum, anno 1774. *Parisiis*,

1789 ; un vol. in-8. sans figures, renfermant 15 classes, 100 ordres, 1754 genres.

Le *Genera* de *Jussieu* est non-seulement recommandable par le nouveau plan d'une méthode naturelle qu'il présente, et qui avait été conçu par le célèbre *Bernard de Jussieu* son oncle, mais encore par une multitude d'observations absolument neuves, rédigées avec précision, modestie et éloquence.

KOELER (Georg. Ludw.). Descriptio graminum in galliâ et germaniâ tam sponte nascentium quam humanâ industriâ copiosius provenientium. *Francofurti ad Mœnum*, 1802 ; un vol. in-12. quarré, sans figures, renfermant 40 Genres.

L'auteur a donné des descriptions très-étendues des Genres et des espèces des *Graminées*. Chaque genre est accompagné d'une table, dans laquelle il a présenté la division des espèces. Il y a joint une synonymie complète, des indications locales, etc. ; mais il paraît qu'il aurait pu se dispenser de décrire si minutieusement les racines, les tiges et les feuilles de chaque espèce. Ces détails présentent une monotonie fatigante pour le lecteur, sans servir à son instruction. Mais cet inconvénient est bien compensé par une foule d'observations qui donnent un très-grand prix au travail de ce patient et laborieux Botaniste.

LAMARCK. Tableau encyclopédique et méthodique des trois règnes de la Nature, partie Botanique. *Paris*, 1800; neuf vol. in-4. avec 900 planches sur cuivre, renfermant environ 1691 figures de Genres, en noir, rangés d'après le système sexuel. La partie des figures achevée; celle des descriptions incomplète.

LINNÉ (Car.). Genera plantarum, eorum que characteres naturales secundum numerum, figuram, situm et proportionem omnium fructificationis partium. Editio octavâ, curante christ.

Dan. *Schreber. Francofurti ad Mœnum*; deux vol. in-8. sans figures, renfermant 1769 Genres.

Linné, qui a surpassé tous ses prédécesseurs, ses contemporains et ses rivaux, a mérité d'obtenir le premier rang parmi les Botanistes. Les ouvrages qu'il a publiés, le grand nombre de plantes qu'il a fait connaître, sa précision à les décrire, sa sagacité pour en saisir les principaux caractères, la langue nouvelle qu'il a créé pour la Botanique, la réforme qu'il a faite dans la nomenclature de cette science, l'invention des noms spécifiques ; enfin, son système sexuel, basé sur le sexe des plantes, tels sont les titres de ce grand homme à l'immortalité.

Ceux qui, ayant étudié les différens ouvrages de *Linné*, ne seront pas pénétrés de respect et d'enthousiasme pour ce grand homme, ne parviendront jamais à connaître les vrais fondemens d'une science dont cet immortel Botaniste a été le restaurateur.

LUDWIG (Christ. Gott.). Definitiones generum plantarum. *Lipsiæ*, 1760 ; un vol. in-8. sans figures, renfermant 1288 Genres, rangés d'après une méthode propre à l'auteur. Edition publiée par *Rœmer*.

Ludwig a combiné dans cet ouvrage la méthode de *Rivin* réformée, avec celle de *Linné*. Il a constitué ses classes d'après la présence ou l'absence de la corolle. Ses ordres sont établis sur la considération des étamines et des pistils. Le *Genera* de ce Botaniste présente un *Pinax* de tous les genres constitués avant lui par les différens auteurs.

MÉMOIRES de l'*Académie*. Histoire de l'Académie royale des Sciences, depuis son établissement en 1666 jusqu'en 1777. *Paris*, 1738; quatre-vingt-seize vol. in-4. avec des planches sur cuivre, renfermant des figures en noir.

Collection peu abondante en mémoires

relatifs à la Botanique, mais précieuse par les monographies publiées par *Tournefort*, *Jussieu*, *Isnard*, *Vaillant*, *Nissole*, *Duhamel*, *Marchand*, *Guettard*.

MICHELI (P. Ant.) Nova plantarum Genera juxta Tournefortii methodum disposita. *Florentiæ*, 1728; un vol. in-4. avec 108 planches sur cuivre, renfermant environ 570 figures en noir.

Cet auteur, qui avait adopté le système de *Tournefort*, a constitué plusieurs Genres parmi les plantes à fructification visible. On lui doit un très-grand nombre de découvertes importantes sur la cryptogamie.

MILLER (Joannis). Illustratio Systematis sexualis Linnæani, etc. *Francofurti ad Mænum*, 1789; un vol. in-8. avec 104 planches in-4. enluminées, renfermant les détails complets de la fructification de 104 Genres, et une planche de principes. Edition traduite de l'anglais et publiée par Fréderic-Guillaume *Weiss*.

Miller a présenté dans cet ouvrage la description et les figures de 104 Genres du système sexuel. Il a choisi plusieurs genres dans chaque classe, et ordinairement un dans chaque ordre. Ses figures sont précieuses par les détails très-développés des parties de la fructification. On regrette que cet auteur n'ait pas donné un *Genera* plus étendu.

Cet ouvrage augmente le nombre des livres utiles que ce célèbre Botaniste a publiés.

MIRBEL. Histoire naturelle des végétaux, classés par familles, avec la citation de la classe et de l'ordre de *Linné*, et l'indication de l'usage que l'on peut faire des plantes dans les arts, le commerce, l'agriculture, le jardinage, la médecine, etc. ; des figures dessinées d'après nature, et un *Genera* complet selon le système de *Linné*, avec des renvois aux familles naturelles de A. L.

de *Jussieu*, par MM. de *Lamarck* et *Mirbel*. *Paris*, 1803; quinze vol. in-12. avec des planches en noir ou coloriées.

Je n'ai cité que les genres dont l'auteur a donné les figures.

Cet ouvrage est recommandable par les détails curieux, intéressans et nouveaux sur les usages des plantes dans les arts, la médecine, l'économie rurale, etc.

MOUTON-FONTENILLE (M. J. P.). Système des Plantes, contenant les classes, ordres, genres et espèces; les caractères naturels et essentiels des genres ; les phrases caractéristiques des espèces; la citation des meilleures figures ; le climat et le lieu natal des plantes , l'époque de leur floraison; leurs propriétés et leurs usages dans les arts, dans l'économie rurale et la médecine . extrait et traduit des ouvrages de *Linné*. *Lyon*, 1804 ; cinq vol. in-8. avec le portrait de *Linné*, gravé par *Boily*, d'après la gravure de *Berwik*.

Cet ouvrage, qui offre la seule bonne traduction française de *Linné* qui ait paru jusqu'à présent , renferme 1343 Genres et environ 8000 espèces. L'éditeur a jugé à propos de changer le frontispice sans le consentement de l'auteur, et de substituer au titre de *Systeme des Plantes* , celui de *Linné Français*.

PLUMIER (Carolus). Nova plantarum Americanarum genera. *Parisus*, 1703 ; un vol. in-4. avec 40 planches sur cuivre, renfermant 150 figures de Genres, en noir.

Plumier a le premier constitué la plupart des Genres des plantes d'Amérique, d'après les vues et le système de *Tournefort*. Si les nombreux manuscrits de cet auteur avaient été publiés, il serait en droit de revendiquer une foule de plantes Américaines annoncées de nos jours.

J'ai cité cet ouvrage, qui ne traite que des plantes d'Amérique, pour le genre seulement des *Lobelia*, dont *Plumier* est l'inventeur.

SWARTZ (Olai). Dispositio systematica muscorum frondosorum Sueciæ, adjectis descriptionibus et iconibus novarum specierum *Erlangæ*, 1798; un vol. in-12. avec neuf planches sur cuivre, renfermant 19 figures en noir, ou enluminées.

L'auteur a décrit dans ce petit ouvrage les mousses de Suède, d'après la méthode d'*Hedwig*, et a donné la figure des espèces rares et nouvelles.

TOURNEFORT (PITTON). Elémens de Botanique, ou Méthode pour connaître les Plantes. *Paris*, de l'imprimerie royale, 1694; trois vol. in-8. renfermant 451 planches.

— Josephi PITTON TOURNEFORT, institutiones rei herbariæ, editio tertia, aucta ab Antonio de *Jussieu*. *Lugduni* juxta exemplar parisiis, è typographia regiâ, 1719; trois vol. in-4. avec 489 planches sur cuivre, renfermant 743 figures de Genres en noir, y compris celles de l'appendix, qui renferme 39 genres, dont 33 nouveaux ne se trouvent point dans l'édition française.

— Josephi PITTON TOURNEFORT, Corollarium institutionum rei herbariæ, in quo plantæ 1356, mugnificentiâ LUDOVICI MAGNI in orientalibus regionibus observatæ recensentur, et ad genera sua revocantur. *Parisiis*, 1703; un vol. in-4. avec quatorze planches sur cuivre, renfermant 22 Genres nouveaux.

Cet immortel ouvrage de Tournefort, dû à la munificence de *Louis-le-Grand*, est un des beaux monumens élevés à la gloire de ce Monarque. Il était réservé à Louis XIV de voir naître sous son règne si fertile en grands hommes, les *Tournefort*, les *Plumier*, les *Feuillé*, et cette foule de gens instruits qui ont immortalisé son siècle. Voici comme s'exprime, sur le prince des Botanistes Français, l'auteur de l'histoire des plantes de Provence. « L'éloge que M. de *Fontenelle* a fait de *Tournefort*, est moins un éloge qu'une histoire fidèle de sa vie; je ne dis rien de ses vertus morales, puisqu'on sait que tout était noble et grand en lui. »

VENTENAT (C. P.). Tableau du Règne végétal, selon la méthode de *Jussieu*. *Paris*, 1799; quatre vol. in-8. avec 24 planches sur cuivre, renfermant 110 figures de Genres, en noir.

Cet ouvrage présente la traduction du *Genera de Jussieu*, et devient utile aux personnes qui ne connaissent pas la langue latine.

Fin du Catalogue des Ouvrages de Botanique.

BIBLIOTHÈQUE ROYALE
I

PINAX

DES

PLANTES EUROPÉENNES,

Par M. J. P. MOUTON-FONTENILLE
DE LACLOTTE,

Professeur d'Histoire naturelle à la Faculté des Sciences de
l'Académie de Lyon, Membre de la Société Royale des
Sciences de Lyon, de la Société Royale d'Agriculture de la
même Ville, Correspondant de plusieurs Sociétés littéraires.

LES progrès de la Botanique semblent avoir suivi ceux que le goût de cette étude intéressante a faits de nos jours. Le domaine du Règne végétal s'est étendu à mesure que les Observateurs se sont multipliés ; une foule d'Espèces nouvelles ont été pour eux l'objet d'une conquête, le prix de leurs travaux et le gage de leurs espérances. On dirait que la Nature dans son abondance ait voulu franchir les limites de notre mémoire et des dénombremens qui sont à notre portée. Son immense profusion aurait fini par ne présenter à notre imagination qu'un chaos informe, si les Méthodes tracées par quelques hommes de génie n'eussent été pour nous le fil d'*Ariane*, et n'eussent servi à nous conduire dans tous les détours de cet inextricable labyrinthe.

Mais l'intérêt qu'inspire l'étude du *Règne végétal* n'ayant cessé d'occuper depuis la renaissance des Lettres, de nombreux Observateurs qui, d'après des travaux souvent précieux, ont donné à chaque plante un nom différent, fondé sur des observations qui leur étaient propres, il en est résulté que le nombre indéfini des dénominations diverses données à chaque espèce, a ajouté à l'embarras que produisait déjà le nombre des Plantes connues du temps des deux *Bauhins*, et depuis eux par les Modernes. On a pu classer une plante dans telle ou telle méthode, d'après les principes sur lesquels elle est fondée ; mais par venu à ce point, il devient impossible à l'Élève de la reconnaître avec précision sous les dénominations différentes que lui ont données les Auteurs anciens et modernes qui s'en sont occupés. De là, la nécessité de réunir à l'étude de la Botanique, l'étude indispensable de la *Synonymie*, qui exige, avec de vastes connaissances, une critique éclairée et une sagacité profonde.

Sans elle, la transmission des connaissances des premiers Observateurs des Plantes, à ceux qui leur ont succédé, devient impossible; la chaîne qui lie leur travail à celui de leurs successeurs est inévitablement interrompue; la multitude des dénominations qui occupent la mémoire sans la remplir utilement, énerve ses forces, trompe ses efforts, et ne sert qu'à multiplier sans fin l'embarras des signes. Disons mieux, elle n'amène que la confusion, le danger de se tromper à tout instant, et l'impossibilité de s'entendre.

C'est dans la vue d'aplanir un obstacle si propre à arrêter les progrès de la science, si difficile à vaincre pour ceux qui s'en occupent, que j'ai tracé le plan de l'Ouvrage que je propose au public, et dont l'exécution dépendra de l'approbation qu'il obtiendra. Il unira les connaissances des Botanistes anciens à celles des Botanistes modernes; il présentera à ces derniers, le résultat du travail qu'ils auraient été obligés de faire pour reconnaître les espèces dont les Anciens ont parlé ou qu'ils ont voulu indiquer. Il servira à co-ordonner sur-tout la synonymie des

Botanistes modernes, qui ont malheureusement plus embrouillé la science en quelques années, que tous les anciens pendant deux siècles et demi.

L'impossibilité à un seul homme de faire un *Pinax* général de toutes les Plantes connues, dont le nombre est porté aujourd'hui à plus de vingt mille, m'a engagé à ne m'occuper que des Plantes Européennes. L'expérience a d'ailleurs prouvé que les Botanistes doués de la mémoire la plus heureuse, entraînés par un goût véhément et soutenu pendant toute leur vie, n'ont pu épuiser toutes les Plantes d'Europe, comme on peut s'en convaincre par l'exemple des deux *Bauhins*, de *Haller*, etc. Je présume avec raison qu'il n'existe en Europe aucune tête assez forte et assez courageuse pour entreprendre un *Pinax* de toutes les Plantes connues, et assez bien organisée pour le conduire à sa perfection. Un travail si considérable étant au-dessus des efforts de la capacité humaine, et de la durée de la vie d'un homme, j'ai cru devoir me borner à n'entreprendre qu'un Ouvrage circonscrit dans des bornes qu'il ne convenait à aucun égard de franchir.

Au surplus, je n'ai rien négligé pour donner à mon travail toute la perfection dont il est susceptible. Un herbier considérable de Plantes européennes cueillies en très-grande partie dans leur lieu natal, et préparées avec le plus grand soin; une collection de livres, nombreuse et bien choisie; une synonymie vérifiée avec la plus scrupuleuse exactitude ; les soins les plus assidus et les plus constans dans la correction des épreuves ; l'élégance dans la disposition typographique, assureront à ce *Pinax* le succès que son utilité semble lui promettre.

On doit regarder ce nouveau *Pinax* comme un des Ouvrages les plus utiles, comme le travail le plus hardi qu'on ait osé concevoir, entreprendre et exécuter en Botanique. Fruit de vingt années d'études, d'observations, de voyages et de recherches, il formera un cours complet de l'Histoire critique des Plantes d'Europe, depuis les premiers Auteurs jusqu'à nos jours, nécessaire aux Botanistes même les plus consommés, et généralement à tous ceux qui se livrent à l'étude des Plantes.

Ce *Pinax des Plantes Euro-péennes* sera divisé en quatre parties.

La première partie, qui présentera une *Histoire critique et raisonnée des Auteurs de Botanique qui ont donné des figures de Plantes*, formera deux volumes in-8.

La seconde, que je publie aujourd'hui, renferme le *Pinax des Genres ;* elle forme un volume in-8.

La troisième, qui renfermera le *Pinax des Espèces*, sera composée de six volumes in-8. Ces deux parties seront disposées par ordre alphabétique.

La quatrième, qui présentera la collection complète des *Tables* de chaque ouvrage cité dans le *Pinax des Genres et des Espèces*, formera six volumes in-8.

La totalité de l'Ouvrage comprendra au moins quinze volumes in-8.

SOUSCRIPTION.

En me proposant de faire les frais de l'entreprise de cet Ouvrage, je ne m'y déterminerai qu'autant que le nombre des Souscriptions suffira pour couvrir mes dépenses. On n'en tirera que sept cent cinquante exemplaires sur carré fin d'Auvergne; on en imprimera en sus vingt-cinq sur vélin.

Ce *Pinax des Plantes Européennes* se composera de quatre parties séparées et indépendantes. On sera libre de souscrire pour l'une des quatre parties, ou pour toutes les quatre à la fois; mais je ne continuerai l'ouvrage qu'autant que j'aurai réuni trois cents Souscripteurs, nombre nécessaire pour subvenir aux frais d'impression.

Chaque partie sera distribuée aux Souscripteurs par Livraisons; et comme la distribution alphabétique ne permet pas de calculer le nombre des feuilles dont les livraisons pourront être composées, chaque feuille sera payée à raison du prix de 5o cent. sur carré fin d'Auvergne, et de 6o cent. sur papier vélin, pour les Souscripteurs; et de 5o cent. sur carré fin d'Auvergne, et de 75 cent. sur vélin, pour les personnes qui n'auront pas souscrit.

Ceux qui voudront souscrire, sont priés de fournir leur engagement dans la forme suivante :

Je soussigné (nom et domicile) *m'engage à me charger d exemplaire* du Pinax de M. Mouton-Fontenille (en papier ordinaire ou vélin), *partie*   *, conformément aux conditions mentionnées dans le Prospectus.*

A   le

On souscrit à Paris, chez Deterville, Libraire, rue Hautefeuille ;

A Lyon, { chez l'Auteur ;
         { chez Étienne Cabin et chez Reymann, Libraires, rue Saint-Dominique.

La liste des Souscripteurs sera imprimée à la fin de chaque partie de l'Ouvrage.

On prie d'affranchir le port des lettres de demande.